传统村落活态化保护利用丛书｜徐小东主编

"十三五"国家重点研发计划课题（2019YFD1100904）

传统民居内装工业化技术与应用研究

The Research of Infill System Technology and Application in Traditional Housing

沈宇驰　徐小东　著

U0380399

东南大学出版社
SOUTHEAST UNIVERSITY PRESS
·南京·

内容提要

本书探索了当代工业化技术与传统村落民居建筑在本土建构语境中的融合创新，甄别了建筑文化表皮与建筑内部功能空间在活态保护中的不同角色，提出一种"最小介入"的传统民居建筑活化改造模式，力求建造可行、成本可控，为传统民居建筑适应于新的生产生活需求提供了技术范式。

本书立论新颖，资料翔实，理论、方法和应用并重，适合建筑学、城乡规划、风景园林以及相关领域的专业人员、建设管理者阅读，也可用作高等院校相关专业师生的选修课参考教材。

图书在版编目（CIP）数据

传统民居内装工业化技术与应用研究 / 沈宇驰，徐小东著 . —南京：东南大学出版社，2024.6

（传统村落活态化保护利用丛书 / 徐小东主编）

ISBN 978-7-5766-0502-0

Ⅰ.①传… Ⅱ.①沈… ②徐… Ⅲ.①农村住宅 – 建筑设计 – 研究 Ⅳ.① TU241.4

中国版本图书馆 CIP 数据核字（2022）第 242869 号

责任编辑：孙惠玉 责任校对：子雪莲 封面设计：王玥 责任印制：周荣虎

传统民居内装工业化技术与应用研究

Chuantong Minju Neizhuang Gongyehua Jishu Yu Yingyong Yanjiu

著 者：沈宇驰 徐小东

出版发行：东南大学出版社

出 版 人：白云飞

社 址：南京四牌楼 2 号 邮编：210096

网 址：http：//www.seupress.com

经 销：全国各地新华书店

排 版：南京凯建文化发展有限公司

印 刷：南京玉河印刷厂

开 本：787mm×1092mm 1/16

印 张：6.5

字 数：220 千

版 次：2024 年 6 月第 1 版

印 次：2024 年 6 月第 1 次印刷

书 号：ISBN 978-7-5766-0502-0

定 价：49.00 元

沈宇驰，男，江苏苏州人。东南大学建筑学院至善博士后、助理研究员，瑞士苏黎世联邦理工大学联合培养博士。主要从事建筑设计及理论、结构建筑学、数字化辅助建筑设计研究。主持国家自然科学基金青年基金项目1项、中国博士后科学基金面上资助项目1项、江苏省卓越博士后计划1项。在国际权威期刊、国内核心期刊上发表论文数篇。获得江苏省土木工程学会建筑创作一等奖、江苏省优秀工程勘察设计奖等省部级优秀设计奖等奖项若干，并获得国内外建筑国际竞赛奖10余项。

徐小东，男，江苏宜兴人。东南大学建筑学院教授、博士生导师，建筑系副系主任，入选城市设计"全国黄大年式教师团队"、首批国家级课程思政示范课程"教学名师与团队"。曾任香港中文大学、劳伦斯国家实验室访问学者，兼任中国民族建筑研究会建筑遗产数字化保护专业委员会副主任委员、中国建筑学会城市设计分委会理事、中国建筑学会地下空间分委会理事、江苏省建筑与历史文化研究会城市更新专委会副主任等。主要从事城市设计与理论、传统村落保护与利用的教学、科研与实践工作。主持完成"十二五"国家科技支撑计划课题、"十三五"国家重点研发计划课题各1项，主持或为主参与完成国家自然科学基金7项。在国内外重要学术刊物上发表论文100余篇，出版专著8部，参编教材2部。相关成果获国家级或省部级教学、科研与设计一等奖及二等奖等30余项。

目录

丛书总序 7

本书前言 9

1　内装工业化改造的背景 001
　　1.1　新型城镇化背景 001
　　1.2　传统村落民居建筑的发展与去留 002
　　1.3　传统村落民居建筑的建造革新与探索 003
　　　　1.3.1　半工业化的综合优势 003
　　　　1.3.2　"永续建筑，协力造屋"模式 004
　　　　1.3.3　模块化制造：着眼于未来的乡村建设模式 004
　　1.4　内装工业化 004

2　传统民居的基本问题与技术条件 008
　　2.1　传统村落民居建筑基本情况调研 008
　　　　2.1.1　环境要素 008
　　　　2.1.2　居住模式 010
　　　　2.1.3　平面类型 011
　　　　2.1.4　结构类型 012
　　2.2　传统村落民居建筑的基本问题 016
　　　　2.2.1　结构安全 016
　　　　2.2.2　围护性能 017
　　　　2.2.3　空间功能 018
　　　　2.2.4　设备配套 019
　　2.3　传统村落民居建筑的基本改造模式 019
　　　　2.3.1　重建型 020
　　　　2.3.2　重构型 021
　　　　2.3.3　改建型 023
　　　　2.3.4　修建型 024
　　　　2.3.5　内装型 026
　　　　2.3.6　适应性策略的选择 027

2.4 内装工业化技术特点 028
  2.4.1 内装工业化的相关概念 028
  2.4.2 内装型改造的技术特点 030
  2.4.3 内装型改造的适用范围 030
  2.4.4 内装型改造的应用优势 031
  2.4.5 内装型改造的应用流程 032

3 内装工业化改造的技术模式 035
  3.1 结构加固模式 035
    3.1.1 一般结构加固的基本流程与做法 035
    3.1.2 结构加固类型 A：结构包裹 037
    3.1.3 结构加固类型 B：结构转换 042
    3.1.4 结构加固类型 C：结构叠加 047
  3.2 围护加强模式 052
    3.2.1 墙体处理 053
    3.2.2 门窗处理 055
    3.2.3 地面层处理 057
    3.2.4 屋面层处理 059
  3.3 设备集成模式 060
    3.3.1 集成卫浴 061
    3.3.2 水电系统 062
    3.3.3 空调系统 064
    3.3.4 光源改造 064
  3.4 空间拓展模式 066
    3.4.1 临时性隔断 067
    3.4.2 可变式家具 068
    3.4.3 模块化加建 070

4 实例应用与技术细节 074
  4.1 应用场景的分析与研究 074
    4.1.1 场地条件 074
    4.1.2 业主沟通 075
    4.1.3 结构评估 077

4.2　技术模式的选择与应用...078

　　4.2.1　结构加固策略...078

　　4.2.2　空间改善策略...079

　　4.2.3　采光改善策略...080

　　4.2.4　气候改善策略...080

4.3　施工流程与相关细节...081

　　4.3.1　工厂阶段...081

　　4.3.2　既有传统民居修整阶段...083

　　4.3.3　现场内装改造阶段...083

4.4　内装改造部品体系拆解...085

附录...087

后记...094

华夏文明绵延千年的文化源脉、气候地貌、风土人情，孕育了中华广袤大地上形式多样的传统村落，其深厚的文化底蕴与价值内涵既是现代人记住乡愁、守望家园的重要载体，亦是留存传统文化基因的重要社会空间。改革开放以来，我国城镇化进程显著提升，城市人口快速增长，城市的快速集聚与扩张对传统村落空间的发展产生了重要影响。在此期间，乡村与城市之间不仅经历了空间层面的不断更迭与转换，而且发生了人口资源、生产资料、生态环境等要素的持续迁移与流转，使得传统村落的可持续发展面临日益严峻的挑战。

当下我国传统村落普遍存在人口空心化、老龄化，乡村空间日益破败的现实问题，更为棘手的是我国地缘辽阔，地域文化、传统民居建筑差异性大，经济发展也不平衡。长期以来传统村落的保护利用研究大都基于一种片面的、静态化保护的认知观点，在实践过程中出现不少困难与阻力，导致传统村落保护与当代经济社会发展持续断层，效果并不理想。传统村落的保护利用需要不断地"活态"造血，与时俱进，与新的发展需求、技术路径与运作机制相结合，走向整体保护协同发展的现代适用模式。因此，如何运用建筑学、城乡规划学、风景园林学、社会学的前沿专业知识与技术，以综合全局的视角提出应对方法，有效统筹生产空间，合理布局生活空间，严格保护生态空间，通过适宜性技术和方法实现传统村落的"三生"（生产、生活、生态）融合发展是目前亟待解决的关键问题。

基于此，本丛书依托"十三五"国家重点研发计划课题"传统村落活态化保护利用的关键技术与集成示范"（课题编号：2019YFD1100904），针对环太湖区域不同级别、不同类型的传统村落的生产方式、生活方式、生态系统及其空间设施的差异性活态化要求，进行"历史价值—现状遗存—未来潜力"的匹配分析与组合评判，探讨"三生"融合发展视角下与"整体格局（含公共空间）—民居建筑—室内环境"三层级相适配的传统村落活态化保护利用的多元路径。上述探索涵盖了传统建筑营建技艺、民居内装工业化技术、传统村落活态化保护规划技术、民居建筑活态化设计范式等多个主题。

主题一即传统民居内装工业化技术与应用研究，探索了当代工业化技术对传统村落民居建筑的结构性再认识，甄别了建筑文化表皮与建筑内部功能空间在活态保护中的不同角色，提出了一种"最小介入"的传统民居建筑活化改造模式，力求建造可行、成本可控，为传统民居建筑适应新的生产、生活需求提供技术范式。

主题二即传统村落活态化保护利用规划设计图集，针对环太湖地区不同级别、不同类型的传统村落的基本现状和空间布局，提出了与之相适应的活态化策略，呈现了活态化保护规划的技术原理与上下联动的长效管理机制，并阐述了涵盖传统村落历史遗产保护利用、宜居功能优化、绿色性能提升等内容的传统村落活态化保护利用的层级化、历时性的多元路径及其技术。

主题三即传统村落活态化保护利用建筑设计图集，面向环太湖地区传统村落展现了传统民居建筑中具体的生产、生活特征，并表征为相应的建筑空间形式，从不同层级探索传统民居建筑的现代适用模式与功能优化提升设计方法及其应用，构建了符合地域环境与气候条件、满足当代生活和生产需求、绿色宜居要求的传统民居单体设计案例库。

在乡村振兴的战略导向下，本丛书针对当前传统村落"凝冻式"保护利用存在的现实问题，从两方面进行研究：一方面从"三生"融合视角对传统村落活态化保护利用展开研究，强化传统村落保护利用与新的营建技艺、工业技术、市场规律紧密结合；另一方面从不同层级入手，重点就微观层面的材料、工法、建造技艺传承，到民居建筑的宜居功能优化与绿色性能提升，再到整体村落格局的规划引导、建设管控进行探索，明晰传统村落活态化保护利用的重点在于整体考虑新老村落的内在关联及其代际传承与发展，聚焦地域性绿色宜居营建经验的在地性转化与现代提升等关键技术及其应用体系研究，逐步形成一体化的活态化保护利用理论、方法与关键技术。

总体而言，本丛书以"三生"融合的多维视野，明确了传统村落活态化保护利用的重要意义、关键问题及其总体目标与思路，探索了传统村落活态化保护利用的层级化多元路径及内在机理，初步构建了"三位一体"的活态化保护利用理论及"上下联动"的作用反馈与实施机制。丛书中所介绍的技术体系与实践探索，可为我国不同地域典型传统村落的活态化保护利用与现代传承营建的新方法、新技术和新实践探索提供理论基础和技术支撑。

这套丛书得以顺利出版，首先要感谢东南大学出版社的徐步政先生和孙惠玉女士，他们不但精心策划了"十二五"国家科技支撑计划课题资助的"美丽乡村工业化住宅与环境创意设计丛书"而且鼓励我们继续结合"十三五"国家重点研发计划课题编写"传统村落活态化保护利用丛书"。在乡村振兴的国家战略背景下，我们深感传统村落的活态化保护利用研究责任重大、意义深远，遂迅速组织实施该计划。今后一段时间，这套丛书将陆续出版，恳请各位读者在阅读该丛书时能及时反馈，提出宝贵意见与建议，以便我们在丛书后续出版前加以吸收与更正。

徐小东

2022 年 3 月

　　传统村落风貌破坏、空间功能不适、人口空心化等问题一直以来都是城乡规划、建筑学科关心的重大问题。伴随着村落的"凝冻式"衰败，传统村落中的民居建筑也步入日渐凋零的状态，大量民居建筑因为缺乏日常性使用与及时修缮，建筑材料腐蚀、结构破坏，导致大量建筑永久"失活"，其中不乏具有文化价值的传统建筑。这些建筑不仅是传统村落活的历史，更是未来村落复兴的物质载体。针对这些建筑，如何对其进行最大限度的活态化保护利用，并挖掘其价值，是一个值得全社会关注的重要议题。

　　在此背景下，本书主要基于现代工业化建造与设计技术，探讨传统村落民居建筑的活态保护利用策略，其中包含了民居建筑改造的原则、策略与建造工序等。本书并未单纯地进行技术罗列，这是因为目前有关工业化预制建筑理论与技术工法的学术著作已经很丰富，且相关研究已趋于成熟。与普适性的工业化技术介绍与模式研究不同，本书着眼于工业化技术在传统民居风貌保护与整体功能提升这一具体范畴，是相关工业化技术的创造性尝试。在一定篇幅内介绍工业化技术应用与传统村落活态化保护利用之间的内在联系，通过充分了解、调研当代传统村落的社会经济现状、生活生产方式、材料与建造工法等要素，思考与技术理性相结合的方式，因此，适应性技术的甄选与阐释是本书的重点。对读者而言，可以从中拓展乡村研究的视角，打破对工业化技术的固有印象，全面认识工业化方法在当代建筑学中的研究意义和创新应用领域。

　　针对传统村落民居建筑的活态化保护利用，本书重点提出了"内装工业化"的普适性策略，即通过内装工业化的设计与施工方法，以充分保留和保护传统民居建筑的整体风貌和立面材料，以构件尺度的工法对建筑内部功能、性能进行提升，使其满足现代化生活的需求。从历史与理论溯源出发，基于传统民居的实际情况，逐步介绍相关技术与应用方式，并以实际工程应用展开具体介绍。在传统民居建筑保护利用中采取内装工业化技术，其优势如下：其一，将保护建筑与其内部空间进行系统划分，使得传统建筑表皮与现代生活空间并置于建筑中；其二，也迎合了当代生活方式的更新与建筑历史文化价值的保留之双重需求。在技术工法上，"支撑"与"填充"的划分也使得建筑结构稳定与功能强化的问题迎刃而解；在保护性加固层面，系统论述了多种基于保留原有结构的加固策略与技术；在内部性能增强层面，也通过内装工业化设备的介绍，提出了行之有效的解决方法。

　　综上，本书期望通过简明的分析与介绍，为从事乡村振兴工作的规划师、建筑师提供工业化技术与传统村落民居建筑活态化保护利用的启发与参考。

徐小东　沈宇驰

1 内装工业化改造的背景

1.1 新型城镇化背景

改革开放以来，中国经历了快速城镇化的发展阶段，但乡村发展却不尽如人意。"十九大"报告提出实施乡村振兴战略，这是当下国家层面的重要战略选择。报告提出，要"建立健全城乡融合发展体制机制和政策体系，加快推进农业乡村现代化"。30 年间，中国城市面貌发生了翻天覆地变化的同时，乡村也经历了社会、经济与文化生活等层面的剧变。劳动人口与社会资源向城市的过度聚集导致城乡两极分化的加剧。2005 年，党的十六届五中全会提出建设社会主义新农村的重大历史任务；2007 年，正式提出要"统筹城乡发展，推进社会主义新农村建设"；及至 2013 年，中央一号文件正式提出了要建设"美丽乡村"的奋斗目标。2017 年"十九大"及时提出乡村振兴的战略举措，可以预见未来一段时间内乡村建设与发展将成为各方瞩目的焦点。近年来，新政策的不断出台，反映了乡村问题对于国家全局发展的重要性以及其问题本身的复杂性与紧迫性。

乡村问题的复杂性在于无法以经济或者文化的一元论方式来处理其建设发展问题。一方面，如果盲目模仿城市建设模式，以经济与效率为导向，容易造成乡村自身地域文化的流失，导致千村一面的现象；另一方面，如果只注重文化保护，乡村发展就会缺乏物质基础而导致经济发展缓慢，最终难以惠及普通民众。如何兼顾与平衡乡村建设的经济与文化问题，利用现代技术来实现乡村发展的二元论，针对性采取预防性保护利用、适应性保护利用等方式，从"地域普适性"与"现代适应性"角度来创新技术理念，实现传统村落活态化保护利用是亟待思考的问题。本书基于城市化发展的历史阶段与时代背景，提出工业化建造方法和技术在传统村落保护过程中的具体应用与实践。

乡村建设需在全面审视中国城乡建设的实际状况、村民生产生活的客观需求的基础上积极加以应对。近年来，我国传统村落风貌与空间形态长期处于一种"亚稳定"状态，其原因在于，传统的物质空间已无法适应新的乡村空间结构、社会组织与产业发展需求而处于消极"停滞"的状态。我国乡村建设的保护、更新、发展与世代更替，基本与经济的发展阶段密不可分，但总体而言，传统村落民居建筑的改造与更新主要依托民间世代相传的建造工艺、因陋就简的建筑材料和施工技术，时间一长难免会出现问题，严重影响其安全性、舒适性和适用性。

1.2 传统村落民居建筑的发展与去留

随着社会、经济与文化的发展，我国从多个层面对于传统文化、文化自信越发重视，传统村落承载着最为悠久的文化基因，因而对传统村落民居建筑的保护具有深远意义。以苏南乡村民居建筑为例，其更迭与经济发展休戚相关，1950—1960 年代，传统村落民居建筑大量由土坯房向砖房更新，以砖混与砖木结构为主的民居建筑奠定了具有地域识别性的传统村落民居建筑特征。当地工匠经过长期的技艺积累，以木材、砌体为主要建筑材料，建成大量根植于民间的建筑遗产。改革开放以来，城市化浪潮冲击着乡村原始的发展模式。1980 年代苏南乡镇企业迅猛发展，乡村产业结构发生了深刻改变，随着经济实力的增强，农民掀起"平房改楼房"的热潮，因此，人们通常将此阶段前的乡村住宅统称为"传统村落民居建筑"。此番更新对乡村建筑风貌的改变具有举足轻重的作用，随着建筑技术的不断发展，乡村开始采用框架结构，材料多以混凝土、土坯砖为主，建筑细节也放弃了大部分的传统装饰符号，追求最大程度的经济性。相对以砖木混合结构为主的传统村落民居建筑，钢筋混凝土与砖混结构的"楼房"满足了村民对都市化生活方式的追求，在功能与性能层面体现出巨大优势，并逐渐取代原有的传统村落民居建筑。

与此同时，传统村落民居建筑的空置、损坏或坍塌成为普遍趋势，一方面传统民居建筑大多年久失修，部分已经转变为危房；另一方面随着生活水平的普遍提高，传统民居建筑的性能已经无法满足人们基本的生活需求。在此过程中，许多国内学者进行了预警式的研究。2000 年，东南大学朱光亚教授指导的"南方发达地区传统建筑工艺抢救性研究"课题对地域性民居建筑的流失提出了警示。此后，众多研究团体也相继对地域性民居文化技艺层面的内容进行了保护与记载。然而，虽然从建筑学角度传统民居建筑的价值与意义已被挖掘，但是经济规律的作用始终无法抗拒，传统民居建筑被淘汰的趋势依旧难以避免。那么这种趋势是必然吗？放眼世界，对比欧洲乡村的发展，就不难发现在意大利、德国、英国等国家，大量早期民居建筑保存至今，并且在缓慢而有机的自我更新中焕发出勃勃生机。本书希望从建筑师的视角出发，思考传统村落民居建筑如何实现活态化保护与利用，依托当代工业化生产链背景，运用构件法思维的建筑设计理念与技术①，实现传统民居建筑"微更新"的技术路径。

阮仪三先生曾在文章《"乡愁"的解读——关于〈留住乡愁——阮仪三护城之路口述实录〉》中说道："乡愁不是廉价的矫情，而是对生活积累的思考"[1]。对"乡愁"的理解，不能站在精神情感的一元论立场，而是应更多地关注支撑精神情感存在的物质主体。阮先生说："在苏南地区快速城镇化的发展过程中，几十年来历史村镇的无序拆建令人担忧。"从历史经验来看，但凡保留完好的传统村镇，大多是当年交通不利、乡镇企业发展缓慢的地区。然而恰恰是那些得以良好保存的历史村镇，如今又焕发出强大的文化与经济活力。以苏州为例，同里、周庄、乌镇，这些传统村镇不仅完好地保留了传统民居建筑，独具水乡文化特征的生活空间也吸引了大量游客到来，以旅游为主导的经济模式带动了当地经济的发展。可见"乡愁"是潜在的经济发展动力，它不仅继承了老房子给人带来的记忆抚慰，同时也是传统村落空间寻求经济转型的重要基础。要留住"乡愁"，首先要能够看到存在于传统民居建筑中的重要价值，传统建筑记忆正成为稀缺的精神食粮，具备哺育一方水土的潜力。正处于消逝边缘的传统民居建筑，需要充分挖掘其文化价值，为其物质空间的永续发展奠定基础。

20世纪苏南经济的快速发展带动了部分民居建筑的升级换代，然而仍有部分民居建筑未能在经济发展浪潮中获益。笔者通过实地走访调研，发现目前居住在传统村落民居建筑中的群体主要为社会弱势群体，呈现出老龄化、经济收入低、劳动能力丧失、受教育水平不高等特征。居住者不具备主动改善自身居住条件的经济能力，基本的生活需求、房屋的安全性能无法得到保障。在一些突发的自然灾害中，例如，5·12汶川大地震、玉树大地震，其中受损最严重的建筑类型就是乡村民居建筑，这是因为民居建筑本身年久失修并且建造之初就缺乏规范性，导致了村民生命财产的重大损失。也许不少人认为，在快速城镇化背景下，整齐划一的土地流转与动迁安置模式能高效地解决上述问题，但其背后的代价是乡土文化的日渐式微，尤其是大量尚未列入保护名录仍具有传统特色的自然村落及民居建筑，对其文化价值应加以重新审视。

在建筑技术日趋成熟的今天，工业化技术已经涉及城市建设的各个方面，但其难点在于，标准化量产如何与乡土性的随机与差异相结合，如何使得批量与定制在市场中对接。相关研究的意义在于，在充分保护传统民居建筑的基础上，通过相关技术嫁接应用，提出具有一定推广价值的民居建筑活态化保护利用的新方法，可有效延长其使用寿命，提升功能与空间的适应性，延续其经济、文化价值，为实现乡村可持续发展提供助力。

1.3　传统村落民居建筑的建造革新与探索

1.3.1　半工业化的综合优势

"半工业化"是对乡村建造中的重点和难点部分进行工厂预制，剩下的根据住户需求和爱好预留一定弹性。将工业化制造技术运用于乡村建设，将是一个具有长远意义的积极举措：一方面，工业化的高效和大规模生产特点可以解决目前乡村建设的效率难题，弥补国内建设人员供给不足的短板；另一方面，工业化模式中大部分构件在工厂生产，现场作业难度低，便于专业能力不高的劳动力掌握。半工业化模式可使建筑品质更加可控，建筑局部构件更换更为容易，从而延长建筑的使用周期，减少全生命周期的建筑能耗。由于受观念、造价和资金限制，现阶段最为可行的是面对乡村"低技低效"的建造工艺、技术以及建设资金不足的困境，加快孕育和形成一套"半工业化"的建造工艺和技术路径。

1.3.2 "永续建筑，协力造屋"模式

半工业化乡村建造吸引了一大批机构与设计师的关注与投入，其中台湾地区建筑师谢英俊及其乡村实践的持续时间最长、影响最为广泛。谢英俊秉持"永续建筑，协力造屋"的理念，致力于对家屋营建体系的研究，其实践包含两岸灾后重建、偏远地区建设和社区重建等内容。他的主要成就是建立了一套便于操作的开放建造体系，考虑不同材料的适用性，让其具有在不同环境、背景、需求下被应用的可能性。长期以来，传统建造工艺的没落被认为是工业化制造取而代之的必经之路，而半工业化使得这个变革趋势得以延缓，甚至有可能带来地方建造工艺与技术的复苏和流失人口的返乡。乡村建设是一个持续发展不断完善的动态过程，研究和推广半工业化建造工艺，通过建筑师的努力实现"技术介入"，将成为这个过程的催化媒介。

1.3.3 模块化制造：着眼于未来的乡村建设模式

模块是一个独立的、标准化的建筑部品。通过将相同或不同的模块组合起来，可以形成多样化的产品，具有标准化程度高、污染浪费少、施工工期短、回收利用率高、成本易控制等明显优势，其建设流程包括：模块设计、预制、运输、装配和维护等环节，施工过程包含工厂生产和现场组装两条线。当接到订单后，工厂根据设计与建造需要确定模块种类和数量，历经构件拆分、部品采购、构件加工、分级装配等工艺流程，最后以成品模块为终端产品出厂，经现场装配后添置若干设备和家具即可入住[2]。

1.4 内装工业化

广袤的乡村目前仍有一些具有一定文化价值的民居建筑因结构与材料腐坏而濒临损毁，如果简单拆除会使原有乡村风貌毁于一旦，不加改

造又会严重影响广大村民的居住品质，为此，需要探索一条面向乡村建筑更新、品质提升的技术途径。基于内装工业化的一系列实验性乡村实践提供了理念指引和技术示范，这是由"SI 建筑体系"（SI，Skeleton Infill）的相关概念发展而来，主要利用预制建筑构件对建筑内部进行搭建更新，与原有建筑结构体分离，是一种保留表皮、内核改造的建造方式，也是近年在乡村旧建筑改造过程中开始尝试的新模式。

与城市不同，乡村建设有其内在规律性，应防止简单复制城市更新的模式，在全面审视乡村建设的客观现实和实际需求的基础上因时、因地制宜。乡村建设不能脱离对地方文化、自然环境和社会经济条件的综合考量，悉心处理好传统与现代、本土与外来的影响，把握好乡村建造工艺与技术的传承、发展与代际更新。

改革开放以来，中国城市住宅的工业化探索不断深入并逐渐运用于建设实践。从早期的以预制砌块结构、PC 大板（又称聚碳酸酯板）为代表的重型结构至如今的轻型结构体系，城市建筑的生产模式逐渐脱离了半手工模式，并在批量与高效之路上取得显著成果。但是在广大乡村，建筑建造与更新的模式仍停留于传统的手工模式，在建筑结构的安全性、施工的规范性、功能的全面性、性能的舒适性层面都存在缺陷。迄今，工业化技术的发展仍未有效惠及民居建筑的建设发展。不少地方新乡村建设照搬城市住宅模式，虽然在用地与建设投入的经济性上拥有一定优势，但是千篇一律的建筑风貌破坏了原有村落的多样性与传统特色。

1960 年代，荷兰建筑理论家提出支撑体建筑理论，将建筑分为支撑体系与填充体系，为标准化工业建造模式引领了一条开放性道路，随后以 SI 住宅体系为代表的内装工业化技术在产业化住宅中兴起，其技术特征是建筑主体的耐久与建筑填充体的灵活可变。SI 理念与技术的发展为传统民居建筑的活态化保护利用提供了新的思路，内装工业化技术中建筑主体与填充体的关系启发了传统民居建筑的建筑主体与改造体之间新的可能性。在此基础上，尝试将内装工业化技术与传统民居建筑的更新问题进行适配，探索一种兼具保护与更新的传统民居建筑活态化保护利用模式。

内装工业化的基本概念源于 SAR（Stiching Architecten Research）住宅体系。1961 年，美国麻省理工学院建筑系主任哈布瑞根（Habraken）教授首次提出"支撑体—大量性住宅的一种因应"（Support-An Alternative to Mass Housing）（图 1-1）。随后荷兰建筑师深化了"支撑体理论"的研究并创办了相关研究会。理论上将建筑分为三个设计过程，首先是支撑体（Support）的设计与创造，其次是可分体（Detachable Units）的"参与式"设计与创造，最后是将可分体置回支撑体的过程。SAR 理论独创性地将建筑体系划分为不可变的部分（支撑体）与可变的部分（可分体），突破了建筑静态的认识观。同一时代，以黑川纪章等人为代表的日本"新陈代谢"运动，建造了中银舱体大厦，其理论将建筑分为稳定体（Static）与易变体（Dynamic）两部分，并将稳定体定义为功能稳定的空间，易变体则作为用户迁移时可带走的空间，以期用这种方式来实现建筑的持续更新。1958年落成的由菊竹清训设计的自宅SKY HOUSE也进行了类似的思考，建筑由一个四片柱构成的结构形式支撑起一个坡屋顶的家型，室内空间是单一空间，设置了名为"Movement"的可移动家具，居住者可根据其需求进行调整[3]。

日本的内装工业化是建立在SI（Skeleton Infill）住宅的基本概念上的，S（Skeleton）代表的是建筑的主体结构部分，I（Infill）代表的是建筑私有部分的内装修及设备（图1-2）。日本在二战后为了解决住房紧缺的问题，开始推行集合住宅的标准化建设。标准化建设的前提条件是实现住宅部品的通用化生产。自1950年开始，日本建筑市场从设计到生产分别进行了标准化的发展。同时，建筑行业也建立起部品体系，并且实现了部品产业化。至1970年代，日本开始了试验性住宅计划，居住者开始参与到住宅的个性化定制与设计中。在试验性住宅计划中，通用化部品以库的形式呈现在住户面前，通过个性化选择与组合，实现与预制主体的多样组合。在住宅设备上，采用了整体式的解决方案，保证了这种灵活性的落地。1980年，日本提出了CHS（Century Housing System）百年住宅体系，旨在通过加强建筑主体结构的稳定性来延长住宅建筑的整体使用寿命。在功能层面，因为菜单式的部品选择策略，使得建筑空间划分可以充分适应不同使用人群，功能与设备可以灵活根据使用者需求进行升级[4]。平面功能结构的灵活变动也适应了用户家庭结构的多样化与发展性，提高了住宅功能的长期兼容性。

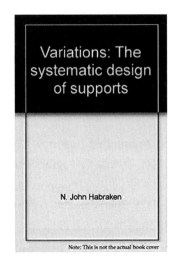

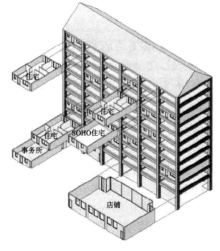

图1-1 《多样性：支撑体建筑的系统设计》封面　　图1-2 SI住宅概念图解

第1章注释

① 参见2019年度江苏省建设科技创新成果一等奖"构件法建筑设计理论、技术与应用",主要完成人张宏、徐小东、印江等。

第1章参考文献

[1]阮仪三."乡愁"的解读——关于《留住乡愁——阮仪三护城之路口述实录》[N].光明日报,2015-07-28(11).

[2]徐小东,吴奕帆,沈宇驰,等.从传统建造到工业化制造:乡村振兴背景下的乡村建造工艺与技术路径[J].南方建筑,2019(2):110–115.

[3]财团法人忠泰建筑文化艺术基金会.代谢派未来都市[M].台北:田园城市,2013.

[4]秦姗,伍止超,于磊.日本KEP到KSI内装部品体系的发展研究[J].建筑学报,2014(7):17–23.

第1章图片来源

图1-1 源自:麻省理工学院出版社官网.

图1-2 源自:陕西维特钢构科技有限公司等官网.

2 传统民居的基本问题与技术条件

任何技术的创新应用都离不开对具体场景与需求的认知。本章主要介绍了传统村落民居建筑在使用和建造技术层面的问题。这些问题充分根植于当下新型城镇化与现代化的生活场景，下面将分别从结构安全、建筑性能、空间功能、辅助设备等几个方面加以阐释。

2.1 传统村落民居建筑基本情况调研

2.1.1 环境要素

在原始社会，人类最早的住居形式是穴居，为了躲避洪水与毒虫的侵害，人们建造了干阑式建筑，通过架空或采用夯土地基的方式从自然环境划分出安全的生活领域。在农业社会时期，农民的生活方式与自然环境紧密关联，农宅无法满足所有的生活需求，人们须凭借自然界的水源、自然植物、土地等外部资源方能组织生产生活。相对于城市中居住建筑的功能独立性，传统村落民居建筑功能依赖于外界的补给，并存在功能发展的滞后性，本节以此作为调查视角，试图探究现有传统村落民居建筑的环境适应性问题：

1）生态环境

苏南地区位于长江中下游平原地带，自农耕时代开始，交错纵横的河网水系便成为乡村外部空间环境的核心要素。在研究走访的苏南村落中，传统村落民居建筑群紧密围绕水系河岸展开，水系的走势影响了乡村聚落建筑群的平面形式。根据水系形态的不同，苏南村落形成诸如鱼骨式、组团式、交汇式的村落建筑群布局形式（图 2-1），体现了农业生活方式对自然环境的依赖性。这尤其体现在建筑基础设施层面，在走访的绝大多数传统村落民居建筑中，卫浴洁具与供水设备是缺失的，民居建筑里面的村民依旧延续着以往的生活方式。

然而，伴随传统村落周边生态环境的恶化，民居建筑自身功能滞后性的问题逐渐显现。乡镇企业快速发展的同时由于监管缺失，城市化建设对耕地与自然植被和农作物的侵占日益严峻，以水资源为核心的村落自然环境难以支撑村民原有的生活方式（图 2-2 左），传统村落民居建筑功能滞后问题也随之突显。在笔者走访的嘉善县清凉村，某大型化工企业赫然坐落于距离村子几百米的河岸边（图2-2右），但当地村民仍旧饮用地下水，依旧用河水浇灌作物，与此前相比村民罹患疾病的比例大为提升。究其原因：其一，建设活动忽视了对自然环境的保护；其二，传统村落民居建筑功能发展滞后，缺乏独立性。

在城镇化背景下，自然生态环境破坏或许已经成为短期内难以逆转的现实。由此，对传统村落民居建筑功能进行补偿，使其更加具有独立性与完整性，让村民获得安全洁净的生活补给物，都具有重要意义。

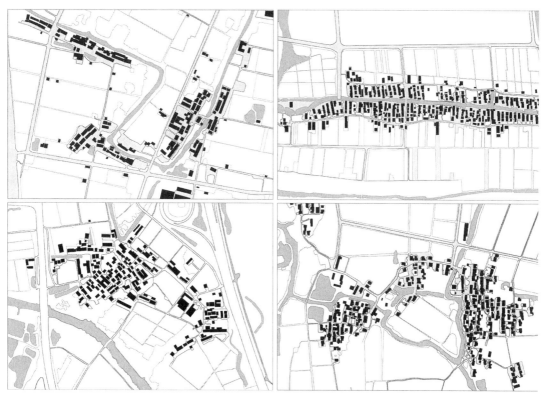

图2-1　与自然环境紧密结合的四种村落布局示意图

图2-2　乡村用水与洁具设施（左）、清凉村河岸的化工厂（右）

2）气候适应性

苏南地区位于北纬 30—32 度，属于北亚热带季风性气候，气温变化表现为夏热冬冷。夏季是一年中降水最集中、最炎热的季节并占全年降水量的 40—60%。受到夏季多雨与炎热气候因素的影响，苏南的传统村落民居建筑工艺对建筑排水有较高要求，屋顶采用坡顶形式。为了进行被动式气候调节，苏南传统村落民居建筑平面往往可以南北通透，夏季热压差在建筑的南北门之间形成穿堂风，有效调节了室内温度。因此苏南地区传统村落民居建筑的工艺技法与平面布置本身就具有一定的气候适应性。

近年来，由于全球气候变化，传统村落民居建筑的耐久性与物理性能在极端气候中经受考验。据统计，苏南地区每年的夏季台风都会导致传统村落地区房屋坍塌，其中约 80% 为年久失修的传统村落民居建筑。在传统村落调研问卷中，农户普遍认为民居建筑的气密性与墙体保温性能已经无法满足舒适性的要求。同时，因基础与室内地坪构造的问题，民居建筑地面湿气过重的问题也较为普遍，年久失修的民居建筑在雨季甚至经常出现渗漏的现象。

2.1.2 居住模式

1）人口构成

根据江苏省第七次人口普查公报数据，苏南传统村落人口构成呈现出以下特点与趋势：首先，在城镇化与城乡发展差距大的社会经济背景下，苏南乡村常住人口的比重不断下降，相对于 1982 年的 84.2%，至 2020 年，乡村人口比例下降至 36.11%[1]。乡村人口的城市化引发了乡村空心化的现象。其次，从留守乡村的人口构成角度看，苏南乡村常住人口的男女性别比呈现逐年下降的趋势，说明男性劳动力成为外出务工的主要群体。此外，对比"六普"与"三普"的数据，乡村人口年龄构成由宝塔形向梭子形演变，表征了乡村人口老龄化的特征。综上所述，乡村人口构成正呈现出劳动力流失、妇女儿童留守、人口老龄化的变化趋势（图 2-3）。

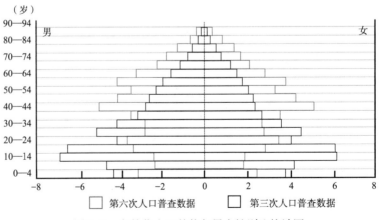

图 2-3　老龄化人口趋势与男女性别比统计图

2）家庭结构

传统乡村家庭以几代同堂的联合家庭与主干家庭为特征，中国传统文化中特有的宗族家庭观念维持了这种家庭结构特征近千年。新中国成立以后，伴随着国家政策与社会、经济、文化的综合影响，乡村家庭结构已发生了深刻变化，具体表现为：

第一，随着乡村劳动力向城市转移，乡村家庭的经济重心也向城市转化，乡村主干家庭就难以形成并延续，主干式的家庭构成逐渐瓦解。

第二，在计划生育的基本国策下，乡村人口的出生率受到一定的控制，同时也导致乡村家庭成员构成的简化，同代人的兄弟姐妹减少，联合家庭也逐渐难以形成。

第三，受到城市化的影响，农民的传统观念与生活模式逐渐改变，年轻一代的乡村人口不再延续安土重迁的理念，追求独立与更高品质的生活，核心家庭成为主流。

3）收入方式

在苏南乡村，自 1980 年代起，农民收入开始非农化，土地增收作用不断下降。这一时期苏南乡村兴办乡镇企业，农业在很大程度上被取代，乡镇企业逐步成为劳动力就业的主要去处[2]。1990 年代以后，工资性收入逐渐占据乡村家庭收入主导地位：1995 年，苏州乡村工资收入占农民纯收入 50%，2008 年达到 67.8%[3]。苏南地区农民收入的非农化，使得农户对土地的依赖逐渐减少，其生产方式趋于城市型特征。随着农民收入水平的提高，居住质量不断提升，"瓦房变楼房"的实例在苏南乡村比比皆是。另一方面，一部分不具备城市型生产方式能力的乡村人口，在农业经济日渐式微的背景下，收入水平每况愈下，基本生活难以保障。恰恰是这些弱势群体，由于其没有能力改建，迄今依然居住在那些老旧民居建筑中。

4）生活方式

根据实际走访调查，虽然苏南乡村农民收入模式已经普遍非农化，但是生活方式依然保留了农业时代的特色。农民在民居建筑的自留地、耕地上种植农作物。同时，部分村民在附近搭建畜棚，圈养家禽，民居建筑中保留了大量储藏空间，用以放置农业生产工具与农产品。此外，农民的生活方式也正向追求舒适性的城市生活方式转变，水暖气、家电、网络等现代城市生活基础设施一应俱全。这些改变大都依附于新修建的乡村加建房，在传统村落民居建筑中尚难以完全实现。

2.1.3 平面类型

为了较好地描述苏南传统村落民居建筑的平面组织特点并清晰地归纳其平面类型，本节从建筑群体组织与单体结构平面两个层面描述苏南传统村落民居建筑的平面特点。

1）群体组织

传统村落民居建筑一般以群体聚落的方式呈现，这缘于乡村以地缘与血缘为纽带的社会组织关系，也是乡村集体劳动生产方式的体现。苏南水网密集地区的传统村落民居建筑布局主要表现为以下三种类型：混合式，即民居建筑之间紧密相接，建筑之间仅留出公共通道与公共空间，民居建筑以各自天井或前院进行采光；联排式，多户民居建筑共用山墙面或者建筑山墙面紧密贴合仅留出窄弄，形成一排建筑；独立式，即民居建筑独立成屋，不与其他农户建筑产生联系（图2-4）。

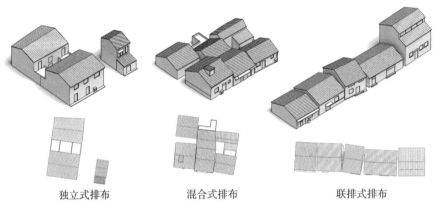

| 独立式排布 | 混合式排布 | 联排式排布 |

图 2-4 传统村落民居建筑三种群体组织模式

2）平面组织

单户传统村落民居建筑可能包含一栋以上的建筑单体，并形成院落。这些院落可以是进院，即单体建筑前后排列，中间有中庭或者天井；同时院落也有可能是合院的形式，例如三合院，就是在正房间两侧有两间厢房形成的凹字形平面空间。

矩形平面是苏南地区传统村落民居建筑的普遍平面模式，单体民居建筑可以用开间与进深的方式对其平面参数进行描述。经调研发现，苏南地区传统村落民居建筑中最为普遍的单体形式是三开间平面，其他类型皆可在三开间的基础上发展变化而来。部分单体传统村落民居建筑设有外廊，或者三开间传统村落民居建筑的中间跨向内收缩，形成灰空间。

2.1.4 结构类型

材料形成建筑空间的过程需要遵循一定的法则，首先是这种材料本身与组合方式具有结构强度，其次是材料作为传力介质其搭接的系统既符合客观的力学规律，又符合建筑的几何形式诉求。

在传统村落民居建筑中，建筑结构选型与材料的产地、重量、连接、成本、性能等因素相关。就地取材的方式很好地解释了传统村落民居建筑地域性中材料一致性的内在逻辑。同时，乡村工匠善于将本土材料加以组合，通过对材料性能的合理组合，形成具有良好结构性能的混合结构。本节将系统整理并介绍传统村落民居建筑中出现的结构类型，并分析其选取材料的强度特性与结构形式之间的关联性，以及与结构形式构成的空间容量、抗震性能等内容。

1）夯土结构

（1）材料特点：夯土结构是一种古老的材料结构体系，最新的考古发现表明，四五千年前我国就已经用夯土方法修筑城墙。汉代时民居建筑多采用夯土，且以"纤木"的方式为夯土墙填入骨料，以增加其强度。直至今日，夯土结构仍是我国主要的乡村民居建筑结构形式之一，其中福建土楼民居更是将夯土的建造与维护工艺推向了顶峰。

总结乡村夯土结构特点，主要可分为三个方面：首先是就地取材、施工简易，村民可利用简单的工具和简易的建造技术以集体劳动的方式实现建造；其次是造价低廉、坚固实用，夯土民居建筑的造价仅为常规砖混结构村落民居建筑的三分之一左右[4]；再者是生态友好、节能低碳，废弃建筑不会产生建筑垃圾，夯土墙坍塌后将逐渐融入大地。

（2）建造工艺：夯土结构分为土坯墙与夯土墙，其工艺差异在于土坯墙是由烧制的土坯砖叠成的，表面再抹上泥皮；而夯土则是由素土混合材料在模板夯实后形成的墙体。夯筑土墙时，木模板与铁箍限定出夯土墙的厚度范围，随后人工填土夯实（图2-5），下部的夯土墙形成后模板向上发展，逐层施工。这类工作不需要专业大型机械的辅助，人工配合就能很好地完成（图2-5）。

图2-5　工人夯筑夯土墙（左）、夯土墙夯筑工艺图解（右）

（3）材料强度：夯土具有较低的抗拉强度，但抗压强度可至14kPa甚至更高。同时夯土土料的性质对夯土墙的抗裂韧性、承载强度以及耐久度都有很大的影响。一般来说，纯净的黏土强度较高，在取材时须对土壤进行过筛。其次根据土壤的黏性差异，夯土中掺入不同的其他材料会提升其强度与耐久度（表2-1）。

表 2-1　夯土常用掺入改性剂类型

土质类型	掺入材料	重量百分比 / %
黏性土壤	碎石、瓦砾	10—15
	熟石灰粉	6—10
	水泥	5—8
	粉煤灰	8—10
	炉渣	8—12
砂性土壤	水泥	6—9
	粉煤灰	8—12
	炉渣	8—12

（4）性能特点：夯土材料具有良好的蓄热性能，虽然在隔热效果上没有其他的保温材料有效，但是作为蓄热质量块，它可以有效地调节室内温度与湿度，营造冬暖夏凉的室内环境。

（5）空间特点：基于夯土本身的材料力学特性，传统夯土结构在建筑跨度与开洞上受到一定限制。通常情况下，当夯土墙厚度为 305 mm 时，夯土结构可作为高度不大于 3 660 mm 的单层结构承重墙。在跨度上，夯土结构能提供 7 310 mm 的横墙支撑跨度。同时由于夯土材料本身的强度限制，建筑开洞受到一定的限制，以 7 度设防的苏南地区为例，洞口间墙体的宽度不宜小于 1 200 mm，窗洞本身宽度不宜大于 1 500 mm，门宽不宜大于 1 000 mm 等。在夯土墙体上开洞会造成洞口局部结构薄弱，需要通过门窗过梁等方式予以加强。

2）砌体结构

（1）材料特点：砌体结构主要是指由黏土砖、混凝土砌块、石材等材料砌筑而成的墙体结构。通常以一定模数的砌块组合并由砂浆黏结在一起形成具有强度与耐久性的墙体。砌体结构是目前传统村落民居建筑最普遍的结构形式，乡村使用最广泛的是"八五"（216 mm×105 mm×43 mm）与"九五"（240 mm×115 mm×53 mm）两种砖型。

总结乡村砌体结构的特点，主要表现为三个方面：首先是建筑材料需要进行烧制与模块化加工，以满足材料组合的几何要求；其次是材料塑形能力强，通过砌体组合可以形成砖拱等丰富的建筑结构形态；最后是砌筑工艺相对繁琐，需要具有砌筑经验的工匠来完成。

（2）建造工艺：砌体墙可分为实体墙、空心墙与镶面墙，实心墙体是将砌块相邻布置并以砂浆填充接缝建造而成的。空心墙是则是由饰面墙与内墙组合而成的，两面墙之间保留了缝隙并且以金属墙拉杆或者水平接缝钢筋进行连接。在砌块砌筑工艺上，根据砌块砌筑方向的不同分为丁砖与顺砖，丁砖是垂直于墙面的砌筑方法，顺砖反之。在砌筑墙体时，应充分组合丁顺砖，以保证各层之间的连续搭接（图 2-6）。砖缝处理也十分重要，在实际砌筑过程中，由于空气温度与湿度的变化，或者产生集中应力，砌筑墙体会产生偏移运动，所以在施工中应采用伸缩缝与控制缝来进行调整（图 2-7）。

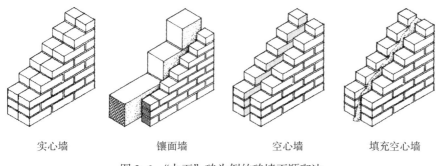

实心墙　　　　　镶面墙　　　　　空心墙　　　　填充空心墙

图 2-6　"九五"砖为例的砖墙丁顺砌法

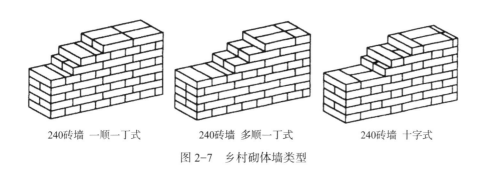

240砖墙　一顺一丁式　　　240砖墙　多顺一丁式　　　240砖墙　十字式

图 2-7　乡村砌体墙类型

（3）承重特点：砌体的抗压强度较高而抗拉强度很低，因此，砌体结构构件主要承受轴心或小偏心压力，而很少受拉或受弯。砌筑承重墙一般以平行铺砌的方式来支撑上部屋架结构体系。对砌体墙进行加筋处理能有效地提升其抗拉与抗弯性能，而传统乡村砌体多采用无筋砌体墙形式，在遭遇地震时极易导致墙体破坏，甚至倒塌。

（4）性能特点：相对于实心砌体墙，空心墙的缝隙可以安装其他保温材料，并具有更好的隔热保温效果，倘若空心部分作为排水空腔使用，则可以起到很好的抗渗作用。

（5）空间特点：砌体结构通常与其他横向受力构件组合并形成跨度与建筑空间，常见的横向受力构件包含桁架式钢架、木梁、预制混凝土梁板等。因此砌体结构的空间不受其自身材料特性限制并取决于横向结构的强度。

3）木结构

（1）材料特点：木构是中国古代官式、民居、宗教建筑使用最广泛且最具代表性的结构形式。早在距今约六七千年的浙江余姚河姆渡村就发现我国已知的最早采用木榫卯技术构筑木结构房屋的实例[5]。数千年间，木结构建造工艺一脉相传并逐渐体系化，在宋代官式建筑兴建时，为了对木构建筑进行工程管理并防止建造者偷工减料，《营造法式》经过两次修编并间接记录了官式建筑的选材、工艺、装饰等内容。在南方的民用建筑技艺记载中，以香山帮姚承祖的《营造法源》为代表记录了民式建筑的木构工艺，影响并奠定了中国南方传统村落民居建筑木构形式的基调。

总结乡村木结构的特点，主要表现为三个方面：首先是木构往往与夯土、砌体结构混合使用，木构作为屋架以及梁柱体系，其他结构以承重墙或者填充墙的形式存在；其次是木结构自重轻，且材料便于工匠加工，材料连接采用榫卯的形式，不依赖于其连接构件；再者是乡村木结构需要进行耐久性保护工艺，木材本身在耐火性、耐腐蚀性上有缺陷，长期的木结构腐蚀会导致房屋的结构松动。

（2）建造工艺：在乡村民居建筑中，从原木材料加工成建材的工作由民间木工匠完成，木建筑的建造方式主要以村民集体互助的方式来完成。乡村木结构包含了穿斗式、抬梁式以及穿斗抬梁的混合形式。

（3）承重特点：木结构具有自重轻、材料延性性能良好的特点，在地震时能够承受冲击载荷与重复载荷，具有较好的吸能性能。同时木结构形式可根据其受力特点进行改造，例如水湿弯压的工艺与月梁的形质。

（4）性能特点：乡村民居建筑很少采用木材作为墙体材料，一方面是基于对材料成本的考虑，其次是木材物理性能、耐久性能皆相对石材、砖、夯土等材料更为薄弱。但是木材在传统村落民居建筑中可作为控制气候边界的灵活墙体，以小木作的方式作为乡村民居建筑的门窗构件而存在。

（5）空间特点：木结构民居建筑的内部空间由房屋采用的木构形式决定，通常穿斗式柱子落地，室内空间相对狭小，抬梁式则能营造出较大的空间跨度。传统木结构传统村落民居建筑多采用穿斗与抬梁混合的形式，即山墙面采用穿斗式结构，开间部分的榀架采用抬梁式结构，这样不仅使得室内空间宽敞，房屋用材的经济性也得到了兼顾。

2.2　传统村落民居建筑的基本问题

2.2.1　结构安全

传统村落民居建筑与传统官式木构建筑不同，村民在自建时由于建造知识与建造资源的限制，存在着材料运用与节点考虑的随意性。以地基与主体结构为例，村民建房时很少采取规范的基础建造，对当地土质的承载力没有检测研究，建筑基槽开挖后，回填的材料不规范，常导致地基承载力、防沉降水平都无法满足抗震要求。

在结构形式上，传统村落民居建很少采取整体性具有刚度的结构形式，墙体受力与建筑骨架脱离，地震时建筑墙体、屋面容易发生变形，在长时间的使用过后，墙体与屋面的腐朽就会产生安全隐患，不仅自身发生重心偏移，还会对主体框架造成破坏。经调研发现，传统工艺建成的民居建筑在其使用初期都具有较佳的建筑性能，但由于长期缺少材料维护，木质结构在经历外部环境侵蚀后出现腐坏、变形甚至损坏（图2-8）。夯土与砌筑类承重墙受到碱蚀、沉降、撞击等破坏未得到及时修补，承重墙体的损坏变形极易导致屋架的变形与破坏，这种传统房屋结构中的连锁反应，很大程度上降低了传统村落民居建筑的整体耐久性。

图 2-8　宜兴芳庄村（国家级传统村落）民居建筑结构的破坏

2.2.2　围护性能

由材料构成的建筑围护结构，其主要功能在于隔离建筑外部恶劣环境，并营造舒适室内空间微气候。传统民居建筑墙体主要以夯土、木材和砌块材料为主，根据《江苏省节能建筑常用材料热物理性能参数表》，若对比钢筋混凝土本身，木材、黏土砖、夯土等传统建材作为外墙时，其保温性能具有优势。但是当钢筋混凝土进行墙体保温构造处理时，钢筋混凝土墙体的隔热性能就得到巨大的提升。传统村落民居建筑由于没有进行科学的保温面层处理，其墙体围护性能存在较大缺陷；同时，传统村落民居建筑围护结构的密封处理不佳，常导致在门窗部位产生严重的冷桥效应，甚至在厨房空间中，有时为了进行排烟与换气而直接留出洞口。在全球极端气候频繁出现的当下，民居建筑围护系统保温、密封性能的不足使得外界气温的剧变会直接影响到建筑室内空间的舒适性（表2-2）。

表 2-2　围护结构材料物理性能对比表

序号	类别＼名称	容重 /（kg·m⁻³）	导热系数 /［W·(m·K)⁻¹］	蓄热系数 /［W·(m²·K)⁻¹］
1	黏土多孔砖（KP1-190/240）	1 400	0.58	7.92
2	混凝土多孔砖（240×115×90）	1 500	0.80	8.78
3	夯实黏土（ρ=2 000）	2 000	1.16	13.05
4	夯实黏土（ρ=1 800）	1 800	0.93	11.09
5	加草黏土（ρ=1 600）	1 600	0.76	9.45
6	橡木、枫树（热流方向纵木纹）	700	0.17	4.66
7	橡木、枫树（热流方向顺木纹）	700	0.35	6.69
8	钢筋混凝土	2 500	1.74	17.06
9	水泥基复合保温砂浆（W型）	400	0.08	1.56

此外，随着村民生活水平的提高，传统材料所呈现的表皮属性逐渐无法满足人们的心理与卫生需求。在走访传统村落民居建筑改建时，村民常用涂料与面砖将砖墙与夯土墙装饰起来。不难发现，村民对民居建筑外观的期望是不断增长的，他们期望住宅能获得舒适的内部环境，让界面呈现体面的特征，同时也希望住宅空间更加容易打理，以营造卫生的环境。

由于传统村落民居建筑在结构系统、建造工艺上的随意性缺陷，建筑整体的耐久性难以经受考验，在实地踏勘中发现超过半数的传统民居建筑的围护表面出现不同程度的墙体裂纹，部分外墙受到侵蚀而局部脱落。围护结构的破坏存在极大的安全隐患，如墙体倒塌或构件坠落等，这些都会危及村民的人身安全。

2.2.3 空间功能

相对于城市住宅商品房在小空间内配备了齐全的生活功能，传统民居建筑的功能构成较为简易。以常州牛塘镇苇庄村传统民居建筑的平面为例（图 2-9），民居建筑功能主要分为三个部分：正对大门的堂屋，作为接待与餐厅的功能；东西两侧各有一间卧室；东南角拓宽形成的厨房。这种三开间的平面形式已成为苏南地区传统村落民居建筑的原型，其他功能的实现将依靠自然环境或建造新的辅助建筑来实现。对比现代生活中起居、饮食、洗浴、就寝、储藏、工作、学习等基本功能，传统村落民居建筑的空间功能呈现出以下问题：

第一，由于规模限制，建筑仅涵盖了最基本的生活功能空间，且因缺少动静、洁污、干湿等分区概念，功能之间相互干扰较大，功能之间的独立性较低。

第二，附属功能的完善需依赖新建筑体量的建造，基本建筑功能在使用时还存在气候边界的问题，例如冬天需要穿越室外才能使用卫生与洗浴设施。

第三，空间规模不足，仅能满足核心家庭使用，同时空间利用率不

图 2-9 常州牛塘镇苇庄村传统民居建筑（左）、建筑平面图（右）

高，屋架部分空间被放弃并极易成为空间死角，易造成鼠患等问题。

三开间平面形式一旦有功能叠加在两侧形成合院，便形成一明两暗的平面格局，不利于内部空间的自然通风与采光。由于传统村落民居建筑的结构特点，窗洞无法开启较大，考虑私密性等问题很少在北侧开窗，常导致室内环境昏暗，空气流通性不佳。

2.2.4 设备配套

经过现场走访与调查，研究发现传统村落民居建筑缺少满足基本生活需求的建筑设备，主要表现为以下几个方面：

第一，苏南地区乡村普遍在 1980—1990 年代开始通电通水，在这之前，乡村的照明、烹饪、取暖等生活功能皆借助各种燃料，饮用水采用河水或井水。然而即便是普遍通电、通水之后的民居建筑，也并未将水电管线较为科学系统地与其本身的建造结合在一起。目前，乡村的普遍做法是每户由电力部门安装配电箱，再由配电箱接明线引入建筑内部，尤其是在年代久远的民居建筑中，通常电线直接安装在墙表面、接入插座内，线路暴露容易出现腐蚀破损，其安全隐患不言而喻。

第二，卫生与洗浴间是日常性健康生活的基本保障，传统民居建筑中也很少配备用水器具，卫浴设备就更加少见于传统民居建筑之中。村民使用旱厕解决生理需求，舒适性与卫生情况堪忧，洗澡则更加不便，需要用炉子烧水。

第三，乡村采暖与降温设备也是极其缺乏的，随着全球气候变暖，没有安装空调设备的民居建筑难以抵挡酷暑。在冬天，村民通过烧炭取暖，室内空气流动不足造成的木炭不充分燃烧将放出有毒气体，极易危及人身安全。

2.3 传统村落民居建筑的基本改造模式

民居建筑是否需要加以改造以及采用什么方式改造，这是采用工业化技术优化改造之前需要思考的问题。自 1964 年《威尼斯宪章》颁布，标志着人类对先人留下的建筑遗产达成积极共识，建立了完全保护和修复古建筑的基本原则。随后《巴拉宪章》（1979）与《奈良真实性文件》（1994）皆提出了以活态传承为基本价值判断的方法[6]。活态化保护利用关键技术在当代的现实语境中可以概括为三个方面：首先是作为传统村落历史遗产的活态利用；其次是对村落自身宜居功能的优化与调整；最后是为了实现宜居，必须以绿色可持续的方式进行室内环境的性能提升。

对于传统村落历史遗产，部分人认为最小干预的方式就是最好的保护方式，即保存其"不完好"的状态，只要建筑结构稳定，材质尚未严重风化，就不加以人工干预，最大程度上体现建筑的原真性；部分学者则坚持建筑的工艺与材料作为智慧与艺术的载体，需要被修复与再现，使用新的构件仿真替代腐朽的部分，甚至按照原有工艺与材料重建，从而将建筑完好地保存下来。

传统民居建筑居于历史遗产建筑判定的边缘，其数量之巨、分布之广使得保护规则难以统一制定。当下，众多建筑师团体针对民居建筑改造的实践已经持续展开，形成多元的价值立场与改造策略，但并未达成一定的方法共识。本节主要将当下传统村落民居建筑更新出现的代表性案例进行梳理，并根据改造程度依次归为重建型、重构型、改建型、修建型、内饰型，通过对比与评价进一步明确阐释和界定本书研究的改造方法范畴。

2.3.1　重建型

在传统民居建筑更新语境中，"重建"是一种建筑保留的方式。具体方法是通过将具有传统风貌的建筑外观复原，以达成对风貌的保留。这种做法的优势在于时间与财力成本的节省，仅需对传统建筑的基本符号构成关系进行解读与重复，就可以达到形成风貌的效果，同时通过改变建筑的结构形式，减少建筑内部结构对空间的限制，内部功能获得了更多的可能性。

以"南京桦墅村乡村改造"[7]中的村口民居建筑改造为例（图2-10、图2-11），由于旧有建筑是空心砌块墙体，其安全性与保温都无法达到基本的使用需求，业主与建筑师决定原址重建。同时建筑位于村口，村民希望建筑与村口广场结合，形成公共廊子以方便村民与未来游客往来。新民房的结构基本复制了改造前的形式，并且在此基础上增加两跨作为公共空间，与屋顶连接的墙体进行镂空处理，削减坡屋顶建筑的采光短板。本案中的民房经过重建改造后，其结构被呈现出来，获得一种符号的可读性，内部空间由于墙与屋顶处的镂空处理变得更能适应日常使用。从本案可以看出，通过"重建"，旧宅符号性与功能性可以获得增强，但劣势在于对于旧宅"时间属性"的忽视，完全新建的传统民居建筑犹如"仿古"建筑一样失去了其建构复杂度的必要性，这使得传统符号成为一种营造形象的手段，而由历史与经济背景带来的建构逻辑与背景故事，则默默沉寂于新材料的传统叠构中。

除乡村民居建筑翻建之外，最具代表性的"重建型"保护策略是位于日本三重县伊势市的伊势神宫，是以重建作为保护更新模式的建筑杰作。自公元685年起，伊势神宫每20年进行一次"造替"，称为"式年迁宫"，至今已经迁宫62次。同时重建本身被作为一种宗教仪式，重建使得建筑本身不断更替获得永久保存，其建筑构造工艺"神明造"也在更替的过程中被重复与传承。此外，伊势神宫的建筑材料也处于"更替"之中，神宫位居的神宫林有着丰富的原材储备空间，神宫的迁徙使得原

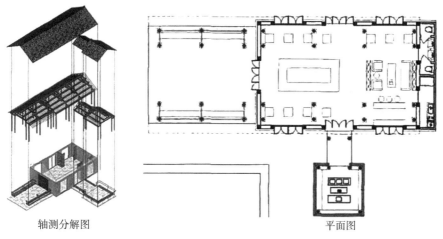

轴测分解图   平面图

图 2-10 桦墅村村口村落民居建筑改造轴测分解和平面示意图

图 2-11 桦墅村村口建筑改造实景

有的用地变成生长材料的空间，如此更替并达成一种与大自然生命周期协同的平衡。

　　重建型的改造是对旧有建筑信息的梳理、筛选与重现。这种方式使得传统建筑技艺被现代工匠重新领悟，达成传承的意义。但不可回避的缺憾是，旧有材料被拆除后支离破碎，不再能呈现由于历时性带来的材料魅力，同时新材料的传统构成倘若不够精准与确定，容易形成模仿与臆想的痕迹，降低传统建筑的历史价值。

2.3.2 重构型

　　重构是解构与重组过程的统称。解构区别于解体，解体是对本体的摧毁，解构是对构成本体各要素的有效分离与分析。在此基础上，保存完好的旧要素被新的逻辑缜密安排，构成新的整体并获得新的功能与意义。在传统民居建筑更新语境中，重构不再注重单体建筑的完好保留，而是将原有建筑材料部件以新的建筑构件方式呈现出来，体现出一种新旧建筑群在文脉上的延续关系。

以中国美术学院在浙江富阳洞桥镇的乡村实践为例（图2-12），王澍先生称他采用了类似"中医诊脉"的方式对待乡村建筑改造[8]。针对他本人总结的乡村三大问题——破败、混乱、审丑，施行了深度调研的方法，以保护老房子为前提，一方面整治突兀的"新民居"，另一方面拯救破败的老民居，实现了地方材料再利用、工匠技艺挖掘与乡村建筑现代化改造的结合。所使用的材料均为附近乡村拆除后留下的可再利用部分，符合永续利用的原则；新建民居建筑以钢筋混凝土等现代技术与结构形式为基础，将上述收集的旧建筑材料作为表皮进行包裹。旧建筑上那些原本并不起眼的碎石、瓦片和砖块通过重新设计与组合，在新建筑外观上焕发出丰富、立体的乡村特色，还提高了建筑本身的坚固性与墙体性能、延续了乡村的传统风貌，兼顾了农民对现代生活品质的追求和乡村历史信息的重塑与传达，受到当地村民的认可。在远期规划建设中，还将复兴其石板路、水系，以期还原建筑群之间的传统村落空间布局关系。然而以瓦片、夯土为材料的建造工艺虽然呈现出现代性的乡土与自然气质，但是其建造难度较高，需要专门训练当地工匠。同时，此类"表皮化"的处理方式实则耗时耗工，并且需要设计师精细地投入现场监工中，此间的人力成本与时间成本投入不亚于现代建筑工业化的建造过程。因此，该模式难以在短期内大范围推广，但作为一种示范仍具有积极意义。

图2-12　浙江文村改造后实景

重构型改造的重点在于材料在新结构框架背景下的重现，兼顾了村民对建筑质量提升的期望，也注重将历史碎片通过表皮重塑的方式再现，这不仅重置了传统村落发展的基点，使乡村建筑风格定位于现代与传统之间，不显得过于"新"也不拘泥于"旧"，而是恰如其分地在临界点获得重塑。重构型改造的难点在于投入的设计成本与资金成本巨大，倘若项目离开政府扶持与大资金注入，丰富的乡村聚落与独具匠心的传统建筑重现也就难以实现。

2.3.3 改建型

改建包括建筑的整改与扩建，"改"与"扩"都是针对建筑现有状态的改变诉求做出的反应，在改建过程中，建造活动以原有建筑作为基底，新空间或构件的介入将改变原有空间秩序，使其获得新的使用模式与空间意义。改建型策略对建筑的影响是多种层面的，小至仅改变空间中的物体分隔方式，大至调整结构框架造成室内空间结构的改变，会因设计者的主观判断差异而影响到建筑的各个层面。

以阿克米星在莫干山的灯笼商店为例，被改建筑为两个相连的普通小坡顶房子，建筑本身规模很小且改造诉求简单，即改为村落中的商店。设计采用轻钢与金属保温板材料，对建筑屋顶进行了改造，原本呈现片状的屋面获得了一个透光的厚度，使得建筑内部获得了更多的自然采光，同时在夜间，商店通过屋顶发出昏黄的亮光，构筑出一种"灯笼商店"的形象。本案巧妙地采用低技方法[9]，在有限的空间与成本基础上，对原本平常的民居建筑进行局部改变，不仅在建筑形式上使其获得商业吸引力，同时也解决了采光问题。

在桐庐先锋云夕图书馆方案中（图2-13），为了解决坡屋顶夯土建筑由于开窗小、内部空间深远带来的采光不足问题，建筑师将原有民居建筑的屋架部分向上抬高了60 cm，使得整夯土建筑获得了一圈天窗，内部空间由于层高的变化也由原来简单的居住功能向公共图书馆演化。从本案中可以看到，改建仅针对民居建筑存在问题的部分，并通过问题的解决使得整栋建筑获得保留的价值。

图 2-13　浙江桐庐先锋云夕图书馆

在阿克米星的桦墅村的樱鸣书店方案中，原本普通的砖房被置入一个兼具结构与家具属性的"内胆"。结构体不仅支撑了原有建筑，同时也为书店内部提供了书架（图2-14左），房间的秩序被置入的"内胆"重新定义，适应了新的空间功能诉求。类似手法也在微园（图2-14右）[10]中得到体现，工厂内部结构的选择性包裹加上内部新框架结构的置入，使得原本通用的工厂空间被划分出一种新的秩序。两个方案的区别在于，前者中的置入体兼具结构与家具属性，而后者的置入体是作为空间隔断的结构。可见新旧体系在建筑中是可以共融并相互滋养的，原本朴素的建筑体系在新的体系扰动后会产生新的空间价值，有效弥补了针对普通建筑改造时的策略漏洞。

图 2-14　樱鸣书店室内（左）、微园美术馆室内（右）

改建型策略最大的特点在于其普遍的适应性，这种方式无需依托于原有建筑的独特风貌外观与保存完好的结构体系，通过置入新体系或更新建筑的某个部分，就可以在加强其原有功能的同时注入新的建筑活力。这种方式也具有保护性的特点，在充分挖掘建筑空间潜力的基础上，使建筑获得了被保留的价值。

2.3.4　修建型

修建是基于旧建筑的保留，继而进行具有针对性的修补与加建的改造方式。其特点是原有建筑的结构与围护完整但存在瑕疵，不影响建筑整体的稳定性与使用功能。修建的工作将替换或修补损毁腐朽的构件，用新的材料或组件进行原位或错位替代，破损的围护部分将被填补或重制。在传统乡村建筑更新语境中，修建是基于对原有建筑的充分了解，在确保其具有保留价值与长远的使用寿命的基础上，进行建筑组成部分的优化。

以浙江桐庐深澳古村的云夕深澳里书局（图 2-15）的改建部分为例，原有建筑景松堂被最大程度上予以保留，建筑中的大木作、小木作以及各种建筑构件，甚至屋内的灶台也被保存下来。建筑师运用书架，对合院的内部空间分隔方式进行重新组织，使其内部功能符合书院的使

图 2-15　桐庐深澳里书局中对传统物件的保存设计

用特点，同时楼板与楼梯也进行了更新，在原有楼板上铺上龙骨并加设新的地板层，将原有的木质楼梯部分置换成混凝土楼梯并涂成白色，建筑内部陈设在材质质感与色彩上与老建筑保持了一致，原有建筑的核心被保存，其余部分则以协同配合的姿态出现。改造手法十分低调，纷至沓来的当地居民甚至认为老建筑没有被改动过。修建型的改造充分体现了对原有建筑物质与文化的尊重，并尝试以某种旧建筑作为拓本，延伸出新的类型样式的传统建筑临摹方法。

在西河粮油博物馆及村民活动中心项目中（图2-16），建筑师采用了最小成本的处理方式实现了原有乡村建筑由"仓储"向"公共聚集地"的转变。在粮油仓库的改造中，极具空间表现力的木梁架被保留下来，北侧的高窗被重新设计，通过嵌入钢框形成落地大窗并将一侧的自然景观引入室内。同时木梁架本身腐朽的部分经过了置换，梁架薄弱部位增加了钢结构的拉结，照明线路也同时被安排于其中。在公共餐厅部分的改造中，屋顶的瓦片被透明的材料替换，以换取室内的采光，西侧的墙体由当地工匠亲自操刀，建造成携带本土符号的镂空外墙，大门换成了铁艺大门，建筑部件通过改造替换显现出一种现代与传统设计思维的拼贴。然而本案的最大特点并不在于其对乡村建筑语汇的创新，而是通过建筑改造的方式帮助当地村民重新拾回与当地物产紧密结合的集体经济方式，旧建筑包含的生产文化内涵的保留与发扬使得当地粮油生产与销售成为一种可视的文化，建筑本身成为博物馆里的展品，而其本身也是博物馆，展出了粮油生产的古老器物，与祖辈相传的粮油技艺[11]。

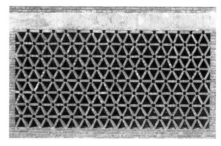

图2-16　西河粮油博物馆室内（左）、室内墙体（右）

修建型改造具有保护性的特点，通过最大程度上保留建筑自身，保存了与建筑相关的社会历史背景，减少了因改造引起的原始信息损毁。同时修建具有低成本的特点，仅在一定范围内对建筑局部进行判断与改造设计，旧建筑可以通过新旧拼贴的方式形成独特的审美现象。此外，修建型改造对建筑本身的要求很高，不仅现状建筑质量要较好，同时建筑本身需要具有一定的文化空间形式。反观当下大多乡村建筑，破旧损毁的现象较为普遍，且村民整体的收入水平较低，这种模式也就很难获得广泛运用。

2.3.5 内装型

内装型改造与建筑内部的装修有着一定的差别。内饰又可称为建筑的装饰，往往关注于室内空间在材料与涂料的粉饰下的空间美学效果。从最早的水电改造到面层的处理，内饰型的改造将新的材料以湿作业的方式与原建筑粘连至一体，难以区分出其中包含的体系关系。内装型改造则兼顾建筑性能在装饰过程中的提升与空间美学效果，希望构件能够针对性地解决建筑质量存在的短板，同时围合出良好的建筑内部空间。内装型改造又可解释为装配化内饰，其优势在于预先集成建筑作业中的工序，在现场组织干作业施工，预制构件与建筑保持着清晰的建筑体系关系，同时水电等设备也将集成于构件中，不再需要现场铺设。除设备外内装型的构件，还可以集成家具等功能，使改造的空间效率获得提升。

众建筑在 2014 年北京国际设计周大栅栏更新计划中，进行了一个试点项目设计，其中便运用到了"房中房"的预制模块建造系统[12]。方案在老旧四合院中置入了预制模块内盒，使得四合院在不破坏外观的情况下获得了新的居住品质（图 2-17 左）。项目主要使用了预制板材拼合成建筑内部盒体的方式，将结构、保温、门窗、电线、水管、插座等集成在板材中。工人通过打开四合院的一个界面，清空内部杂物后将板材运入室内进行现场拼装，整个施工过程非常简单快捷。团队为板材之间的连接设计了一种简易工具，使得改造可以由非技术人员使用人力完成。同时板材之间的干式连接使得构件可以在腐朽时被更换，四合院古老斑驳的内墙被现代主义的光洁界面替代，内部功能也一应俱全。

"内盒院"（图 2-17 右）通过插入的方法提升了老建筑的使用品质，进而延长了老建筑的使用寿命。不过这种改造方式也存在着一定的弊端，预制板与墙体之间的缝隙极易成为霉变与鼠害滋生的温床，预制板之间连接强度的不足容易在长期使用后发生变形或发出挤压噪音。然而瑕不掩瑜，众建筑在预制式内装实践中所体现出的快捷性与集成性优势已经为内装型改造进行了有益探索。

图 2-17　旧建筑改造后新旧立面关系（左）、"内盒院"改造施工过程（右）

内装式的改造也出现在中央美术学院何崴团队在浙江省丽水市松阳县四都乡平田村的一栋土木结构传统民居的改造中。原本的传统民居由夯土构成，其建筑质量良好。项目完整保留了建筑的结构与外部形态，仅在二层景观朝向良好的界面开设了长窗，将好的景观、阳光与空气引入建筑室内。设计在原本作为大空间的二层置入了三个"盒子"，以木结构作为骨架，并以半透明的太阳板进行包裹，内部的功能安排为旅社床位（图2-18）。本案中也采用了新旧体系明晰的内装式手法，通过插入盒体切分了原本过于冗余的建筑空间，使得空间被新材料限定并围合出具有居住尺度的"房间"。

图 2-18　建筑室内的居住盒子

2.3.6　适应性策略的选择

从民居建筑的重建、重构、改建、修建、内部装修的案例中，可以看到目前应对乡村建筑更新策略中不同层次的更新方法。这些方法的差异不仅源于农民自身诉求的多样性，同时也是建筑师对乡村建筑价值的认识观与建筑技术应用的差异。总结目前的乡村实践活动，可以得到以下初步结论：

第一，从建筑改造方法论角度，目前民居建筑改造策略呈现出多元化的特点，从传统建筑的材料符号保留到现代建筑语汇的新旧融合，尚未形成一种具有普遍共识的建筑更新方法，而仍以"作品模式"作为个案处理方向。这种情况使得传统民居建筑改造目前仅限于村落部分建筑，并且改造效果具有较大随机性。

第二，从建筑改造技术论角度，民居建筑改造更新手段仍停留于以往的手工工艺与现场作业的模式，设计成本、材料运输、工人驻场等现实问题依然存在，使得乡村建筑更新的成本与劳动力成本始终居高不下。在这种情况下，专业化、集成化的建筑技术亟待运用。

第三，从建筑文化保护论角度，大量具有文化价值的民居建筑未能纳入文保单位范畴，放任改造的模式极易加剧这些民居建筑原始信息的流失。一种兼顾改造与保留的技术边界需加强讨论，并运用于民居建筑的更新中。

　　所以，对传统村落民居建筑的更新保护，需要同时从多个维度进行考虑，例如从技术、审美、生产、生态、保护等多角度进行权衡分析，继而才能形成一体化的活态保护利用理论，将适宜的工业化技术进行应用。

2.4　内装工业化技术特点

　　本节基于上文中对民居建筑现状问题与改造模式的思考，进一步从内装工业化的基本定义、技术特点、技术适用性、技术优势等角度，介绍内装工业化技术应用于传统村落民居建筑改造中的意义与价值。在当前乡村日益老龄化、劳动力日益紧缺的社会背景下，人工成本持续增加，传统模式开始失去优势；同时，预制装配等工业化技术愈加成熟，使半工业化、工业化的乡村建设模式边际成本持续降低，逐渐成为更加经济、可行的工法。

2.4.1　内装工业化的相关概念

　　SI建筑体系：SI建筑体系及其理论启发了内装工业化技术的基本概念。SI建筑体系的理论始于荷兰，其核心理念是对建筑的建造系统进行体系化认知。SI建筑体系将建筑分为支撑（Skeleton）部分与填充（Infill）部分，建筑主体结构作为建筑中不变的部分，技术注重其长寿化与高耐久性；内装填充体则作为灵活与人性化的要素，可以根据需要进行更替（图2-19）。SI住宅理念的提出化解了工业化背景下批量标准化与个性之间的矛盾，为工业化建筑技术的应用开辟了现实环境和土壤。

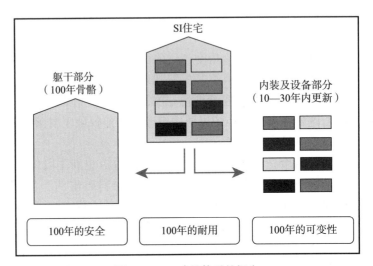

图2-19　SI建筑体系的概念

内装工业化：它是 SI 体系的一种应用形式，在 SI 建筑体系中，内装部品与建筑结构体系相分离，基于公共管道井、架空面层的技术，实现了同栋建筑的户型灵活可变。在内装工业化体系中，内装部品标准化生产，内装部品与建筑结构体相分离，内装部品的添加与拆除皆不对原有建筑体造成影响（图 2-20）。

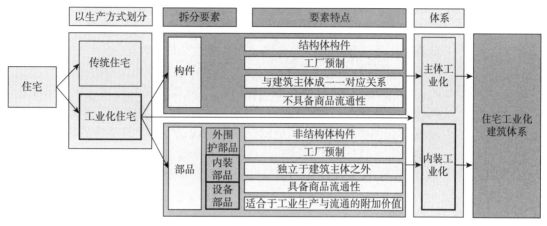

图 2-20 内装工业化在住宅工业化建筑体系中的角色

内装型传统民居建筑改造：它指的是将内装工业化技术体系应用于乡村住宅建筑的更新改造。类似于 SI 建筑体系，原有的建筑将作为建筑支撑体，在改造过程中重点加强其长寿化与耐久性；内装部品成为体系中填充体，其特点是具有结构独立性与功能灵活性，既能有效地保护原有传统民居建筑的建筑元素，又能充分满足农民对更新建筑现有的需求与长远的变化（图 2-21）。

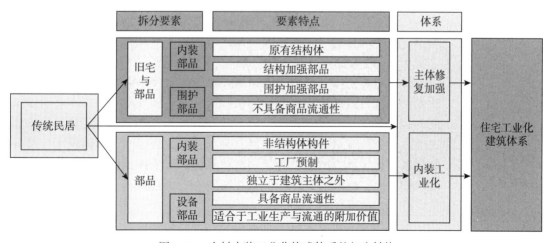

图 2-21 乡村内装工业化构成体系的相应转换

2.4.2 内装型改造的技术特点

1）建筑体系的清晰化

内装型改造在建筑概念上将原有建筑与改造加建的部分作为两个体系。原有建筑作为内装体系中的支撑结构，加建部分是填充体。在此基础上对填充体体系进行细分，其中包括结构加强内装、围护加强内装、空间加强内装、设备加强内装。这样细分的目的在于明晰建筑的体系关系并使得各部件具有独立性，这不仅为改造设计提供了清晰的工作思路，也保证了各个建筑部件专业化与标准化的发展前景。

2）部件寿命的差异化

内装型改造建筑体系中，运用了与 SI 建筑相似的建筑长寿化理念，即作为支撑体的旧宅结构被加固并赋予坚固耐久的特性，而其余填充部品则作为消耗品可被替代更新。具体地说，主体建筑结构的使用寿命尽可能延长，以达到对传统村落民居建筑的保存与保护目的，填充内装部品则根据户主的实际需求进行灵活变动与替换。

3）空间户型的自由化

在相应设备集成化技术的基础上，内装型改造的空间户型汲取了开放建筑的设计思维。它取消了以往通过固定隔墙限定空间的模式，转而以灵活隔断、可变家具等折叠空间理念规划室内空间，从而更科学、充分地利用空间。

4）设备技术的独立化

为了保证填充内装部品的灵活性与可更替性，内装型改造技术追求设备技术的集成与独立。例如墙体与地面皆采用双层结构，水电管线集成于其中，这样不仅使水电线路随时可根据平面需求重新排列更改，也保证了足够的维修空间。此外，建筑部件的连接尽量采用铆接等横向连接方式，方便了拆迁与安装。

2.4.3 内装型改造的适用范围

目前遍布于传统村落中的民居建筑类型十分丰富，各类型村落民居所处的新乡村建设阶段、面临的实际问题具有较大差异性。本书所涉及的内装工业化技术范畴并非适应于所有存在于乡村中的住宅建筑，内装工业化的更新改造方法在其内涵意义与技术优势层面也仅体现于一部分的村落民居主体。所以，为了明确技术的针对主体，提高研究的有效性与可操作性，对内装型改造的适用范围进行如下限定：

1）传统乡村住宅

本书的改造对象限定于具有传统结构、传统材料、传统工艺为特征的传统乡村住宅，并区别于钢筋混凝土结构的乡村"楼房"、加建的简易工棚、牲畜棚等。

2）村落民居具有保留价值

内装型改造相对于传统改造，具有不破坏原有建筑布局、表皮与符号的特点。所以基于成本对比的角度，其对象村落民居应具有传统建筑文化符号特征，并具备保留价值，内装型改造成本方能与其技术价值相平衡。此外，该方法不适用于已经列入文保单位的村落民居建筑，文保单位建筑应根据相应保护条款进行保护与维修改造。

3）建筑未发生严重破坏

待更新的村落民居建筑主体应保证基本完好，允许结构体、围护体的局部缺陷。发生坍塌或者存在严重安全隐患的村落民居不宜采用此方法进行改造。

4）建筑内部空间与自留地规模

根据内装工业化技术的工法特点，对改造建筑的施工场地与室内空间场地具有一定的要求。在施工层面，室内空间容量要基本满足工人与机械操作。在改造效果层面，内装改造会减小原有内部空间尺寸，容易造成尺度过小导致的使用舒适性缺失的问题。

2.4.4　内装型改造的应用优势

1）建筑表皮的完整保护

传统建筑改造模式极易对建筑原有结构与表皮造成多重破坏。内装型改造将旧建筑主体与改造内装进行分离处理，内装部品仅对室内空间造成影响，传统村落民居的材料表皮得到完整的保存。这样的方式使得村落民居建筑在改造过程中被破坏的程度与可能性降至最低。

2）村落民居功能的可变适应

传统村落民居建筑改造方式对建筑功能有一个明确的定位，这样更新村落民居的内部空间格局就被固定了。当远期使用者的需求发生改变或者建筑用途发生变化时，就需要对建筑进行重新设计和改造。内装型村落民居改造的优势在于内部分隔具有灵活性，建筑平面布局可以根据需求进行改变。同时即便进行二次改造，原有的内装部件也可以轻松进行拆卸与替换，避免传统拆除过程给原有建筑带来的破坏。

3）建筑施工的有效便捷

内装型改造采用预制轻型结构，建筑部件由工厂生产并装配成组件，现场施工以干作业组装为主，组件由机械进行搬运与吊装，减少了人力成本。同时，工业化建造方法能够充分考虑现场环境，进行快速有效的施工模拟，提高了实际施工效率，相对于传统施工模式，极大地减少了工时。

4）生态环境的有效保护

内装型改造具有低碳低排的特点。预制装配式施工方法能有效地减少建筑施工过程带来的噪声污染、环境污染。同时轻型结构所有部件可以拆卸运走，不会产生建筑垃圾。

5）建筑成本的精准控制

相对于传统建筑改造的一气呵成，内装型改造在保证主体结构的耐久性与基础设备的完善情况下，可对内装部品进行选择性安装与计划性补充。此外，内装型改造对构件用材、人工成本、运输成本等可进行科学的工程管理与统计，能够在方案阶段精准地把握改造成本，并且根据用户的实际情况进行方案调整。

2.4.5 内装型改造的应用流程

基于以上结论，可以制定一个内装型改造，应用于村落民居住宅更新中的策略方法与应用流程，如图 2-22 所示。

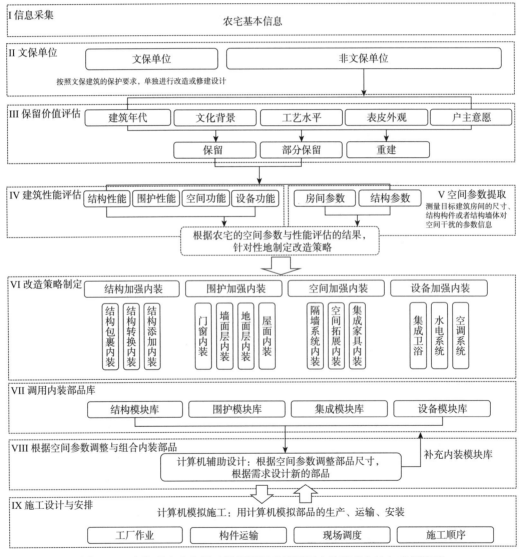

图 2-22 内装型改造应用于村落民居建筑更新中的策略方法与应用流程

第2章参考文献

［1］王丹萍，王思彤，卢路.乡村振兴需要保护与开发并重：以江苏省为例［J］.中国
统计，2020（12）：14-15.

［2］王勇，李广斌.苏南农村土地制度变迁及其居住空间转型：以苏州为例［J］.城市
发展研究，2011，18（4）：99-103.

［3］王荣，韩俊，徐建明.苏州农村改革30年［M］.上海：上海远东出版社，2007：
4-82.

［4］周铁钢，穆钧，杨华.抗震夯土农宅建造图册［M］.北京：中国建筑工业出版社，
2009：23-25.

［5］潘谷西.中国建筑史［M］.6版.北京：中国建筑工业出版社，2009.

［6］张琪.传统建筑的活态保护：以日本伊势神宫的神明造为例［J］.中国名城，2015
（4）：78-83.

［7］周凌.桦墅乡村计划：都市近郊乡村活化实验［J］.建筑学报，2015（9）：24-29.

［8］王澍，陈卓."中国式住宅"的可能性：王澍和他的研究生们的对话［J］.时代建
筑，2006（3）：36-41.

［9］庄慎，徐好好.对话庄慎：改变与反思［J］.新建筑，2015（3）：24-29.

［10］葛明.微园记［J］.建筑学报，2015（12）：30-37.

［11］何崴.向工匠学习，在农村建筑：以河南省信阳市新县"西河粮油博物馆及村民
活动中心"项目为例［J］.建筑技艺，2015（6）：50-57.

［12］林楠.内盒院 老房新生［J］.设计，2014（12）：46-51.

第2章图表来源

图2-1 源自：笔者绘制.

图2-2 源自：笔者拍摄.

图2-3 至图2-5 源自：笔者绘制.

图2-6、图2-7 源自：弗朗西斯，等.房屋建筑图解（原著第三版）［M］.杨娜，等译.北
京：中国建筑工业出版社，2004.

图2-8 源自：笔者拍摄.

图2-9 源自：笔者拍摄与绘制.

图2-10、图2-11 源自：周凌.桦墅村乡村计划：都市近郊乡村活化实验［J］.建筑学
报，2015.

图2-12 源自：笔者拍摄.

图2-13 源自：手机壁纸官网之云夕先锋书店.

图2-14 源自：笔者拍摄.

图2-15 源自：张雷，马海依，吴冠中，等.云夕深澳里书局 桐庐［J］.城市环境设计，
2015（10）：26-41.

图2-16 源自：何崴.浅谈乡村复兴中的五要素［J］.城市建筑，2018（13）：38-41.

图2-17 源自：林楠.内盒院 老房新生［J］.设计，2014（12）：46-51.

图2-18 源自：何崴，陈龙，李强，等.给老土房一颗年轻的心：爷爷家青年旅社改造

设计［J］.中国建筑装饰装修，2017（1）：110-117.

图 2-19、图 2-20 源自：秦姗，伍止超，于磊.日本 KEP 到 KSI 内装部品体系的发展研究［J］.建筑学报，2014.

图 2-21、图 2-22 源自：笔者绘制.

表 2-1 源自：周铁钢，穆钧，杨华.抗震夯土农宅建造图册［M］.北京：中国建筑工业出版社，2009：26.

表 2-2 源自：《江苏省节能建筑常用材料热物理性能参数表》.

3 内装工业化改造的技术模式

在对传统村落民居建筑进行活态化保护利用时，首先需要思考的是建筑安全问题，例如采用适宜性的技术手段对年久失修的建筑群进行适当的修缮和调整，使其不再存在结构安全隐患。因此，本章首先对普遍性的结构加固措施进行概括性综述，并在此基础上，将具体技术方法应用到传统村落民居建筑的实际修缮工作中。

3.1　结构加固模式

本节首先对一般结构加固技术的流程与方法加以介绍，之后，对一般结构加固方法在传统村落民居建筑中的应用价值进行甄别，提出对应的结构加固方法，并归纳出适应于传统民居建筑的内装结构加强的三种基本思路——"包裹""转换""叠加"。针对不同思路，本书以结构加固程度作为区分标准，提出适应于各种情况的传统村落民居建筑结构加强的概念性部品，并加以图示。

3.1.1　一般结构加固的基本流程与做法

1）基本流程

一般建筑结构改造方案的工作流程通常如下：

（1）结构检测与判定

全面调查建筑物周围环境、建筑质量、建筑年限、结构现状等基本信息，测试建筑结构的安全性与可靠性，对建筑的材料进行取样与破坏实验，并根据国家相关标准进行评价与数据记录。

（2）策略制定与计划

以结构基本检测数据为依据，综合考虑组件加固方式、经济成本、施工技术，并与业主充分沟通，制定出切实可行的改造与加固策略。

（3）数字模拟与运算

结合改造加固的施工图纸，建立数字模型，并进行改造前后的内力计算与结构校验，进一步论证基本改造策略的效果与可实施性。

（4）设计组织与监管

在充分进行设计图纸交接的情况下，项目施工单位组织施工，监理单位进行现场监理，并根据实际操作中遇到的问题进行设计调整。

（5）工程审核与验收

对改造更新后的建筑质量进行综合验收，检测其改造后的结构性能提升程度、可靠性与安全性，验审是否严格按照施工图纸完成施工，进行施工质量验收。

2）基本做法

目前国内建筑加固方法可归结为三种类型：第一种，是通过采用新型高强度材料与旧结构体系黏结，从而加强结构整体强度；第二种，是改变原有结构的传力途径与方式，通过增加支撑、预应力等方式加固原有结构；第三种，是结构的修补，包含对裂缝的处理，对破损结构的替换等。综合以上三种类型，可进一步细分为以下几类具体做法：

（1）粘钢加固

通常适用于静力作用下的受弯构件加固，通过配合高强度性能的黏合材料，不仅使原有结构的裂纹损伤得以填补修复，还使新旧结构得以协同受力。粘钢法中，贴板在结构上的位置差异将起到不同的加固作用：当钢板粘贴于梁式构件底部时，可增加构件跨中正截面的抗弯承载能力；当钢板粘贴于梁式构件上部时，可增强构件支座部位截面的抗弯承载能力；当钢板粘贴围合梁式构件时，可增强构件抗剪能力。该加固方法施工速度快，现场湿作业少，对原有结构尺寸没有显著改变。但问题在于，该方法的加固质量依赖于黏胶的剪力，钢板与原有结构协同受力时，力的传递通过胶水层来进行，当粘钢出现空鼓现象，加固效果将明显减弱[1]。

（2）增大截面

增大截面加固法是最广泛使用的加固方法，这种方法类似于结构的"加建"，即在原有结构的基础上增加钢筋等受拉件，并且通过湿作业的方式增加原有结构的尺寸，增加受压件。在力学关系上，这种方式在原有建筑结构的基础上增加了二次结构，且在原有建筑结构逻辑合理的前提下具有可行性。这种方式的工程成本相对较低，对各个结构构件均有着统一的处理方法，但问题在于结构的加建会减少建筑的可用空间，某种程度上降低了建筑空间的使用品质。同时，这种方式也增加了结构的自重，可能降低建筑对抗地震波时的稳定性。此外，湿作业的施工对室内空间场地规模也有一定要求，施工周期也较长。

（3）外包钢加固

相对于粘钢法，外包钢加固方法的用钢量较大，通过 U 型钢材对结构的包裹，形成强度较高的组合结构承载系统。同时，相对于增大截面加固法，包钢法不会显著地增大原有结构截面，减少了加强构件对原有空间的干扰。此外，随着材料科学的发展，一些高强度纤维复合材料由于其自重轻、强度高、耐疲劳性等特点，例如纤维增强复合材料（FRP），这种材料根据纤维质地的差异可分为碳纤维 CFRP、玻璃纤维 GFRP、芳纶纤维 AFRP，这些材料的置换逐渐改进了外包钢加固方法，使得这种方法在成本与效益层面获得了提升。

（4）绕丝法加固

绕丝法即在结构构件外部进行缠绕经退火后的钢丝，且每段缠绕以一定的距离隔开，这样使得结构构件受到一定约束，最终提高了结构的强度与延性。这种加固方式可以有效地控制结构裂缝的加大，极大地提升结构延性。根据这种加固方式的特点，这种方法主要运用于梁柱构件的加固。

（5）预应力加固

预应力加固的基本原理在于：在受弯或受压构件的载荷被施加之前给构件施加一个与载荷相反方向的预作用力，使得内力在作用时相互抵消，从而保护了原有结构材料并加强了结构的整体刚度。预应力加固方法需要对原有结构进行系统的受力分析，在结构薄弱环节配合结构构件的替换或者以加撑的方式与原结构衔接。此外，预应力构件可分为内部配筋的预应力与构件形状的预应力设计，应根据成本和实际条件进行具体甄选。

（6）增加支点加固

该方法的基本原理是通过增加跨度间的支点来减少梁体系的局部弯矩。通过对主要受弯梁进行支撑，减少梁受弯部分的弯矩，缩短了结构的传力路径。该方法的缺点在于：由于在结构跨度部分增加了支点，原有的大空间被结构分隔，出现了结构对空间的干扰。所以在进行增加支点加固时，需要与改造更新后的空间规划一并考虑，使得空间的分隔与结构的添加保持一致。

3.1.2 结构加固类型 A：结构包裹

1）表层蒙皮

蒙皮效应（图 3-1）是指在建筑结构的表层覆盖板式材料，利用板式材料本身的强度与原有结构形成整体，并加强建筑物整体刚度的加强作用。蒙皮效应的概念始于飞机与轮船的设计，在纵横肋上蒙上金属薄板，蒙板与肋共同作用，蒙皮在其截面法线方向具有很强的抗拉、抗压

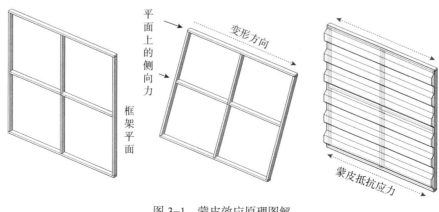

图 3-1　蒙皮效应原理图解

强度，同时密肋将蒙皮进行固定，使其不容易失稳[2]。

在实际应用中，蒙皮效应可整合各种平面上的密肋构架，并形成具有强度和稳定性的整体结构，在力学上主要取代斜向杆，通过充分利用蒙皮自身的抗剪、抗拉效应，减少了对应的建筑结构构件。在针对混合结构的改造中，蒙皮效应可以充分结合建筑的个性特征，通过材料包裹形成蒙皮的方式加强结构的整体刚度。

蒙皮单元是指两榀结构之间的蒙皮板、排架构件、斜撑构件、连接件等形成的一个结构单元，蒙皮单元要真正能够发挥结构作用，必须满足以下条件[3]：

（1）蒙皮有效连接

蒙皮与结构通过连接件有效连接，使得蒙皮、主体结构、基础形成整体互联的受力体系。

（2）蒙皮的连续性

蒙皮在一个结构单元上必须保证其材料的连续性，多个蒙皮的衔接宜采用焊接、铆接等方式，确保不出现剪切破坏。

（3）蒙皮受力方向

蒙皮只能承受其平面方向上一定范围内的载荷作用。当载荷较大，或载荷方向偏向垂直于蒙皮法线方向时，由于无法产生蒙皮效应，结构容易产生蒙皮自身的变形屈曲。同时，当蒙皮传递过大的剪力载荷时，也会失稳变形。根据蒙皮效应的基本原理，本书尝试采用蒙皮与传统村落民居中杆件框架式结构协同工作的方式进行结构加固。

2）连接包裹

连接包裹适用于以木构架为主要支撑的混合结构的连接部位，由于传统木结构连接常采用榫卯连接（又可称为贯通结构连接），由于木材料会随着温度、湿度等外部情况发生体积收缩变化，结构在经历了长年风载荷、雨雪载荷带来的屋面载荷等外力作用后，连接部位极易产生变形。原有的刚性连接关系松动，结构构件之间力的传递关系也随之发生变化，结构整体性受到破坏（图3-2）。

针对这种情况，为了避免由于结构连接部位的破坏松动带来的整体框架变形，可以针对建筑框架角部的薄弱部位施加角件。连接包裹的目的在于加强梁柱构件之间连接的刚度。对连接部位的角部构件安装并进行包裹处理，多方向的角件代替原有连接件传递杆件之间的作用力，并通过包裹固定了杆件之间的角度关系，使得整体框架的刚度提升。例如在框架结构中，对比梁与柱之间以刚性连接与简支梁关系的差异，我们就会发现，简支梁情况下的柱只起到了支撑梁的作用，不承受弯矩。在刚性连接情况下，梁与柱将共同抵抗变形。

3）梁柱包裹

梁柱包裹关注的是梁架杆件自身的受力情况，通过对受弯或受拉杆件的材料包裹，不仅增大了原有结构的截面面积，同时在杆件受弯时以

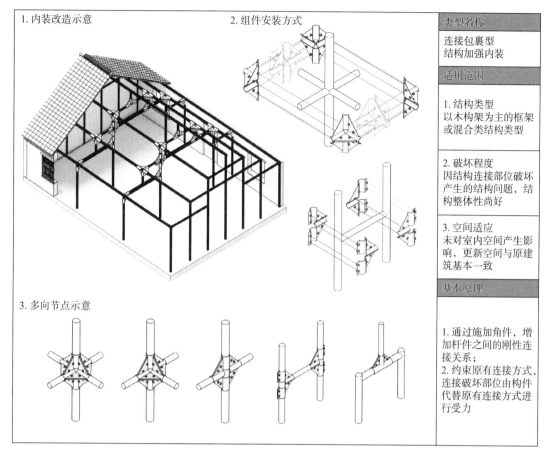

类型名称
连接包裹型 结构加强内装
适用范围
1. 结构类型 以木构架为主的框架 或混合类结构类型
2. 破坏程度 因结构连接部位破坏 产生的结构问题，结 构整体性尚好
3. 空间适应 未对室内空间产生影 响，更新空间与原建 筑基本一致
基本原理
1. 通过施加角件，增 加杆件之间的刚性连 接关系； 2. 约束原有连接方式， 连接破坏部位由构件 代替原有连接方式进 行受力

图 3-2 连接包裹加固方式概念图解

材料自身的抗屈曲性能进行抵消，从而减少了固有结构的承重压力，实现了整体的稳定加固。该方法类似于传统工艺中的外包钢加固法，其原理具有一致性，即通过新材料的强度特性去弥补旧有结构的破损缺陷，外包材料与原有木结构的贴合形成一种以杆件为单元的蒙皮效应，杆件与蒙皮之间的黏结剂以剪力的方式抵消杆件受弯并传递原有木构件受到的复杂环境下的外部作用。此外通过包裹，可以将原有结构进行气密性保护，使其与外部环境隔开，阻滞其腐朽，根据原有构件的材料损坏程度不同，可以选择进行裂缝填补、注入凝胶、涂抹保护漆等方式对其进行修补，而后进行包裹。

实际应用中，结构包裹可与室内模块进行组合集成，通过将"包裹"层进行"家具化"，以减少外包钢板在传统建筑内部中产生的"现代材料排斥感"。"结构包裹的家具化"可以使传统加固作业后结构对空间的干预问题得以解决，房屋的空间利用效率显著提升（图 3-3）。

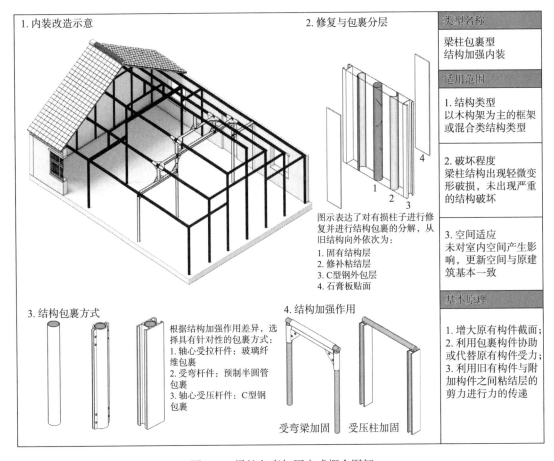

図中のテキスト:

1. 内装改造示意

2. 修复与包裹分层

图示表达了对有损柱子进行修复并进行结构包裹的分解，从旧结构向外依次为：
1. 固有结构层
2. 修补粘结层
3. C型钢外包层
4. 石膏板贴面

3. 结构包裹方式

根据结构加强作用差异，选择具有针对性的包裹方式：
1. 轴心受拉杆件：玻璃纤维包裹
2. 受弯杆件：预制半圆管包裹
3. 轴心受压杆件：C型钢包裹

4. 结构加强作用

受弯梁加固　　受压柱加固

类型名称	
梁柱包裹型结构加强内装	
适用范围	
1. 结构类型 以木构架为主的框架或混合类结构类型	
2. 破坏程度 梁柱结构出现轻微变形破损，未出现严重的结构破坏	
3. 空间适应 未对室内空间产生影响，更新空间与原建筑基本一致	
基本原理	
1. 增大原有构件截面； 2. 利用包裹构件协助或代替原有构件受力； 3. 利用旧有构件与附加构件之间粘结层的剪力进行力的传递	

图 3-3　梁柱包裹加固方式概念图解

4）跨面包裹

该方式主要针对结构杆件及其杆件之间形成的矩形平面单元。当杆件组成的框架体系不完整，例如对某一方向上梁的省略，就会产生单侧倾斜或空间上变形，此时杆件之间需要增设横向支撑件以保证结构单元不继续产生平行四边形变形。这种情况也是无法通过简单连接部位处理与杆件自身加固来解决的，而是需要对一榀或一开间的结构平面进行刚化处理。当房屋产生垂直于山墙面方向的变形时，需要对纵墙方向的结构平面进行整体加固，当产生山墙方向变形时，需要对山墙以及横墙进行整体加固。

跨面包裹利用了包裹材料与结构构件之间的蒙皮效应，以增加跨面单元的结构整体性。在具体操作中，可根据具体情况以结构龙骨、斜拉索、斜撑杆件等方式增加横向支撑，再蒙以表皮材料增加其整体性。

跨面包裹对建筑空间的占据是显著的，所以跨面包裹加固结构的方式需要与更新建筑的隔墙方式一并考虑，应避免加固后建筑空间使用效率降低，同时，跨面包裹需要相对较大的施工空间，室内规模小的建筑加固宜采用更加局部性的策略代替（图 3-4）。

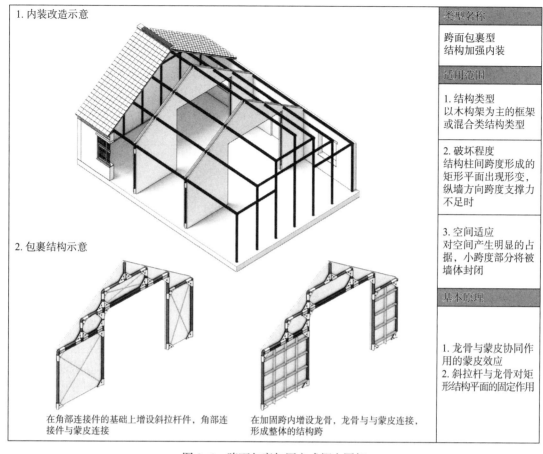

类型名称	
跨面包裹型 结构加强内装	
适用范围	
1. 结构类型 以木构架为主的框架 或混合类结构类型	
2. 破坏程度 结构柱间跨度形成的 矩形平面出现形变， 纵墙方向跨度支撑力 不足时	
3. 空间适应 对空间产生明显的占 据，小跨度部分将被 墙体封闭	
基本原理	
1. 龙骨与蒙皮协同作 用的蒙皮效应 2. 斜拉杆与龙骨对矩 形结构平面的固定作用	

1. 内装改造示意

2. 包裹结构示意

在角部连接件的基础上增设斜拉杆件，角部连接件与蒙皮连接

在加固跨内增设龙骨，龙骨与蒙皮连接，形成整体的结构跨

图 3-4　跨面包裹加固方式概念图解

5）框体包裹

框体包裹试图将建筑某一跨空间通过整体包裹的方式形成稳定的空间结构，通过加固多跨建筑中的中央跨或者两侧边跨来加强整个结构系统的刚度（图 3-5）。与跨面包裹不同的是，框体包裹是以房间为单位的，被包裹的房间需要尽量减少开口。同时，框体包裹可以涉及原有建筑的墙面加固，通过包裹层黏结墙面的方式增加砌体墙与结构体的联系。

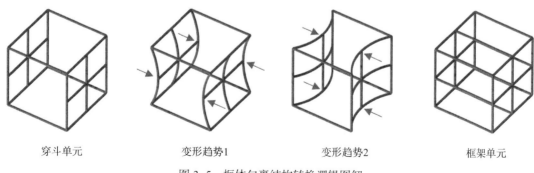

穿斗单元　　　　　变形趋势1　　　　　变形趋势2　　　　　框架单元

图 3-5　框体包裹结构转换逻辑图解

在实际操作中，框体包裹适用于内部空间较大且以木构框架为主要结构的建筑，这样对某一跨结构包裹后的房间尺度与剩余部分空间均较为适宜。同时，框体包裹也适用于一些围护结构破损的建筑，通过框体包裹结构并加以密封材料施工，能增强原有建筑的气密性。针对围护结构已经坍塌而结果裸露的情况，框体包裹可以重新限定出内部空间，使固有建筑轮廓得以修补（图3-6）。

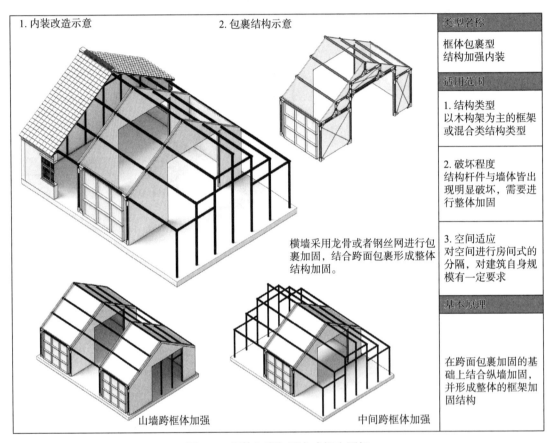

图 3-6　框体包裹加固方式概念图解

3.1.3　结构加固类型 B：结构转换

1）重组结构

当单独构件无法满足载荷的强度要求时，将构件进行组合，改变原有载荷在单独构件上的传力形式，以获得强度更大的组合结构。例如圆柱状物体，它在抗弯时非常薄弱，但是当其受到拉力或者压力作用时则强度较高，三角桁架的结构构成就是相同原理[4]。在这个基本思路下，在杆件组成的基本结构中，结构的组合合理程度越高，其单个杆件的受力程度就越小，其杆件就越轻巧。传统结构中，从抬梁式、穿斗式、框架、桁架到网架是一个结构整体性加强的过程。同时这个规律也为我们进行结构加固提供了启发，即通过结构组合关系的转换来加强原有结构的强度。例如，将抬梁式结构中的瓜柱延长落地，则可以减少梁的载荷，同时结构也由抬梁式向穿斗转换。对原有结构增加构件使其杆件的受力关系重组形成整体性能更优的结构形式。

2）向穿斗转换

古代中国建筑木构架主要以抬梁式为主，这种构架又可称为叠梁式，其特征是在梁上立短柱，短柱上架梁并以此类推支撑起整个屋架系统。与穿斗式相比，抬梁式木构耗材较多，其主要目的是依靠木材截面的增大来换取其梁构件的受拉与抗弯性能。

在传统村落民居的混合结构类型中，抬梁式和双竖杆屋架形式较为常用，尤其在进深较小的村落民居中，为了获得最完整的内部空间，房屋平面内不设柱子，屋架载荷由横墙或埋在横墙中的柱子传递至基础。

在实际操作中，抬梁及竖杆屋架通过将短柱落地实现向穿斗式结构转换，这种方式适用于因环境、时间或设计原因造成的底部主梁损坏变形，通过将作用在梁壁上的载荷直接导向地面，减少横梁受弯，使其发挥轴向拉压优势并抵抗侧向力（图3-7）。

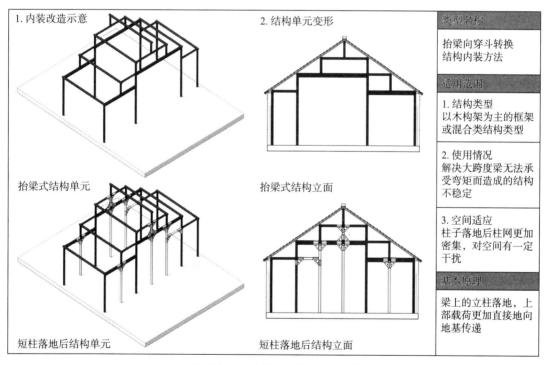

图3-7 抬梁向穿斗转换的结构加固方式概念图解

3）向框架转换

框架是指将梁和柱在连接部位完全牢固地连接（刚性连接）而成的构架结构。严格地说，传统木构架中抬梁式与穿斗式由于无法实现梁与柱的对应，皆无法归入框架结构，以上两种木构架两榀木架之间的联系梁仅以椽子出现，且枋和横墙面虽然也起到一定的作用，但相对于框架结构，其横向连接薄弱，在对抗山墙面侧向水平力时显著乏力（图3-8）。

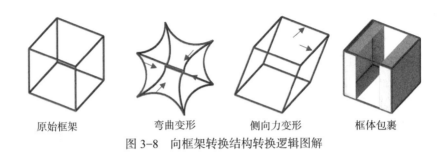

原始框架　　　　　弯曲变形　　　　　侧向力变形　　　　　框体包裹

图3-8　向框架转换结构转换逻辑图解

在每榀构架自身强度合格的情况下，加强排式构架之间的横向连接，是让结构向框体体系转化的方法。同时这种处理方式也适用于纵墙方向上结构强度较高且横向薄弱的传统村落民居，例如以纵墙承重的村落民居，通过在纵向承重墙之间增加联系梁，来提升房屋整体的抗侧力与稳定性（图3-9）。

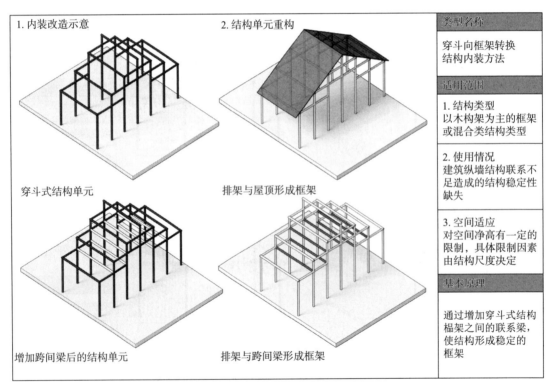

1.内装改造示意	2.结构单元重构	类型名称
		穿斗向框架转换结构内装方法
		适用范围
		1.结构类型 以木构架为主的框架或混合类结构类型
穿斗式结构单元	排架与屋顶形成框架	2.使用情况 建筑纵墙结构联系不足造成的结构稳定性缺失
		3.空间适应 对空间净高有一定的限制，具体限制因素由结构尺度决定
		基本原理
增加跨间梁后的结构单元	排架与跨间梁形成框架	通过增加穿斗式结构榀架之间的联系梁，使结构形成稳定的框架

图3-9　穿斗向框架转换的结构加固方式概念图解

4）向桁架转换

早在千年以前，我们的祖先就已经发现了三角桁架的概念并加以运用，人字形构件可以支撑起三角形的空间，同时当人字形构件受到载荷作用时，其下部两端会产生外张趋势，此时需要通过受拉杆件来抵消这个状态（图 3-10）。当这个人字形构件单元足够大时，人字形两翼的构件就易被弯折，为了解决这个问题，腹杆的设计就被加入到桁架中，采用腹杆进行支撑并将弯折构件的载荷进行分散传递。根据结构形式的差异，腹杆作为隔撑、联系梁、短柱等方式加入到人字形构架中，形成桁架。随着建筑设计跨度的增加，桁架的种类也逐渐丰富，根据腹杆设计的差异性，主要分为豪式桁架、普拉特桁架、比利时桁架、芬克桁架、扇形桁架等。

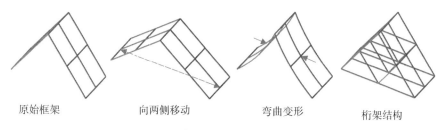

| 原始框架 | 向两侧移动 | 弯曲变形 | 桁架结构 |

图 3-10　向桁架转换结构转换逻辑图解

　　桁架的结构优势在于腹杆对于载荷的科学分布，使得底梁与人字形梁的受力更加合理。其次，当构件采用非刚性连接时，腹杆帮助结构形成稳定的三角形传力单元，避免了平行四边形的不稳定变形。在实际建筑加固中，可通过增加腹杆的方式加强原有结构的稳定性，通过在框架结构的矩形结构单元中增加斜向腹杆支撑或者拉结，将结构转换为桁架形式，从而加强整体结构的稳定性（图 3-11）。

　　5）向网架转换

　　世界上最早的网架，是由德国的施威德勒（Schweidler）于 1863 年在柏林建造的穹顶。施威德勒穹顶的几何构成十分清晰，在力学上可充分发挥穹顶的几何形态优势。此外，网架结构也与工业革命以后建筑构件的标准化生产相关联，网架的立体单元具有可重复的特点，方便批量生产。在结构形态上，通过三角体单元的重复形成多样性的建筑跨度，且结构高度小，可利用空间多[5]。

　　在网架结构的基本单元构成关系中，网架结构杆件之间相互作用紧密，可以很好地抵御各个方向的外力作用，整体性好且空间刚度大。从结构的形态关系角度看，网架系统是将桁架结构进行立体化处理的结果，其不再区分横纵墙关系，使得结构在任意方向上都具有较稳定的强度。

　　在实际加固操作中，为了获得最大化的室内空间，建筑屋架的加固将不采用结构落地的方法。解决方法是将屋架系统由框架向网架转换，从而加强屋架的整体强度。根据屋架的实际情况，可增加屋架单元之间的联系梁、斜撑、拉索，并形成相互作用的杆件网络，形成更加稳定的整体屋架（图 3-12）。

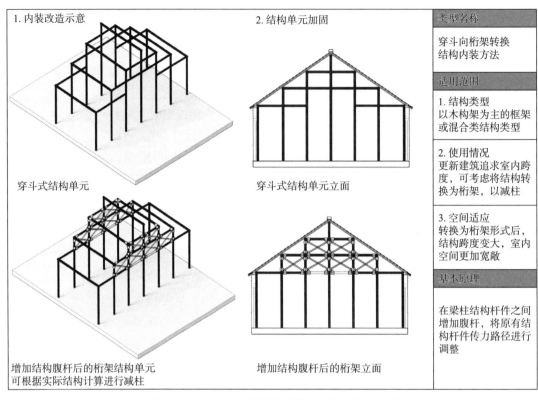

1. 内装改造示意	2. 结构单元加固	

穿斗式结构单元

穿斗式结构单元立面

增加结构腹杆后的桁架结构单元
可根据实际结构计算进行减柱

增加结构腹杆后的桁架立面

类型名称

穿斗向桁架转换
结构内装方法

适用范围

1. 结构类型
以木构架为主的框架
或混合类结构类型

2. 使用情况
更新建筑追求室内跨
度，可考虑将结构转
换为桁架，以减柱

3. 空间适应
转换为桁架形式后，
结构跨度变大，室内
空间更加宽敞

基本原理

在梁柱结构杆件之间
增加腹杆，将原有结
构杆件传力路径进行
调整

图 3-11　穿斗向桁架转换的结构加固方式概念图解

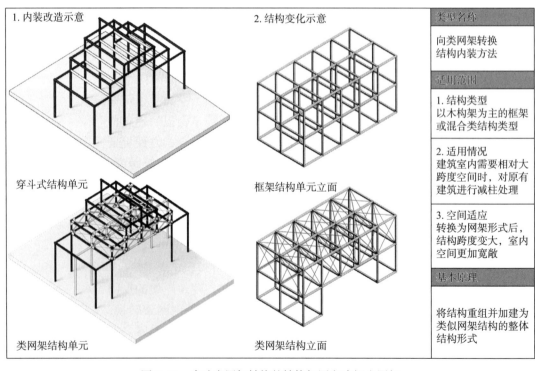

穿斗式结构单元

框架结构单元立面

类网架结构单元

类网架结构立面

类型名称

向类网架转换
结构内装方法

适用范围

1. 结构类型
以木构架为主的框架
或混合类结构类型

2. 适用情况
建筑室内需要相对大
跨度空间时，对原有
建筑进行减柱处理

3. 空间适应
转换为网架形式后，
结构跨度变大，室内
空间更加宽敞

基本原理

将结构重组并加建为
类似网架结构的整体
结构形式

图 3-12　穿斗向网架转换的结构加固方式概念图解

3.1.4 结构加固类型 C：结构叠加

在现实情况中，构成传统村落民居的结构形式是多样的，主要以木结构为构架并混合了许多其他材料的结构形式。以结构对建筑支撑作用的独立性作为准则，可以进一步区分建筑结构的"混合"与"叠加"概念。结构"混合"是多种材料或者结构形式相互配合，形成一个统一的结构体系，在这个体系中任何一种材料或者体系的缺位都将导致该支撑系统无法成立，其侧重于材料间优劣势的互补，例如钢筋混凝土混合结构，对钢筋的受拉性能与混凝土的抗压性能进行配合，形成成熟的高强度混合材料。而结构的"叠加"代表两个相对独立的结构体系，这两个结构形式同时存在于一个建筑空间中，且在其中一个结构出现损毁时，不影响另外一个体系发挥支撑作用。

在日本结构建筑师宫本佳明的事务所改造设计中（图 3-13），为了保护原有被地震破坏的古老木结构建筑，建筑师在原有结构空间中加建了一个独立的钢结构支撑体系，并且与原有的木结构并置，以这样的方式加固了被地震破坏的建筑，并且完好地延长了其使用寿命（图 3-14）。

这种结构并置方法可称为结构叠加。在实际加固操作中，可以向村落民居建筑内部置入独立的结构支撑构件，以作为建筑的"备用结构"，或者通过置入独立的支撑构件来负担起建筑载荷，使旧建筑的结构"退休"并获得保护。

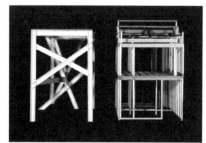

图 3-13　新旧两种结构并置的结构体系

图 3-14　宫本佳明工作室内部

1）斜撑与支状结构

斜撑支撑是针对民居建筑屋架支撑的一种独立结构加建方式，其特点是在建筑内部建造独立的并能够支撑屋顶载荷的结构，这样新置入的结构与屋架形成新的结构关系，这个体系不仅为更新建筑提供了结构加固，同时形成独特的内部空间元素。

同样的大结构方法在日本筱原一男的谷川住宅中得以显现（图 3-15 a），柱子与斜撑组合成的树状结构支撑起屋顶，结构在室内空间中成为一种逻辑清晰的几何元素[6]。在筱原一男设计的直角三棱住宅中（图 3-15 b），斜撑与横梁等构件组成的结构独立于室内空间中，使得结构与建筑几何形式充分呼应，产生一种基于力学原理的建筑美学状态。

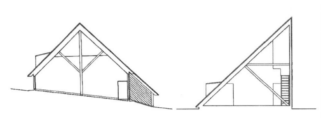

（a）谷川住宅　　　　　　　　　　　　　（b）直角三棱住宅

图 3-15　谷川住宅和直角三棱住宅

在村落民居更新的结构设计中，支撑结构的方式可以避免对原有结构进行冒险性的改动。通过建立新的备用结构体系的方法，为旧建筑结构的继续使用提供结构保证，从而延长了建筑支撑体的使用寿命。同时，由于施工场地与难度的限制，大结构的改造方法更加适用于内部空间规模较大的村落民居。更重要的是添加结构的有效性，大结构要与屋架形成具有独立承重能力的体系，同时，结构添加的部位与结构配筋情况需要进行精密的力学计算（图 3-16）。

2）支点与承重墙结构

增加支点，其基本做法是在排架结构中，通过增加梁柱支撑并重点加强某一立柱的刚度，使其承受大部分载荷，以减轻其他柱列负荷。同时支点也可以作为建筑中的主要结构构件，汇集屋架载荷于一点后通过足够强度的构件向地基传递。在日本建筑师坂本一成的设计作品《散田的家》中（图 3-17），建筑屋架由一根巨柱与十字梁支撑起来，巨柱起到主要的支承作用，屋顶的载荷由四根立柱通过十字梁向巨柱传递[7]。此处的支点位于十字梁的中心，中央的巨柱代替原本应该出现于平面四角的结构柱。在农房结构改造中，增加支点的方法可以有效地分摊结构局部载荷，从而起到加固作用。

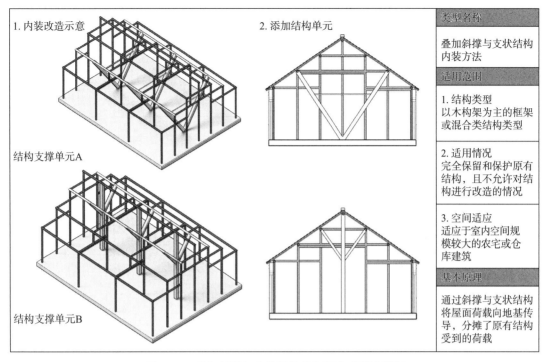

类型名称		
叠加斜撑与支状结构内装方法		
适用范围		
1. 结构类型 以木构架为主的框架或混合类结构类型		
2. 适用情况 完全保留和保护原有结构，且不允许对结构进行改造的情况		
3. 空间适应 适应于室内空间规模较大的农宅或仓库建筑		
基本原理		
通过斜撑与支状结构将屋面荷载向地基传导，分摊了原有结构受到的荷载		

1. 内装改造示意
2. 添加结构单元

结构支撑单元A

结构支撑单元B

图3-16　叠加斜撑与支状结构的加固方式概念图解

图3-17　设计作品《散田的家》

　　承重墙置入的方式与增加支点的方式类似，区别在于增加支点的结构加固方式是通过集中载荷的方式进行应力传递，承重墙则以均布载荷的方式支撑屋架或梁等结构，优势在于均布载荷避免了弯矩的产生并保护了结构构件，同时承重墙可以整合约束结构杆件，增加结构的整体性。

　　承重墙是具有支撑上部载荷功能的墙体。在传统坡屋顶建筑中，纵墙的承重墙具有支撑屋面的结构作用，同时有些承重墙是在木构架基础上将某一跨用砌体包裹形成的，这种方式对原有木构架进行了约束，从而获得更加稳固的结构关系（图3-18）。

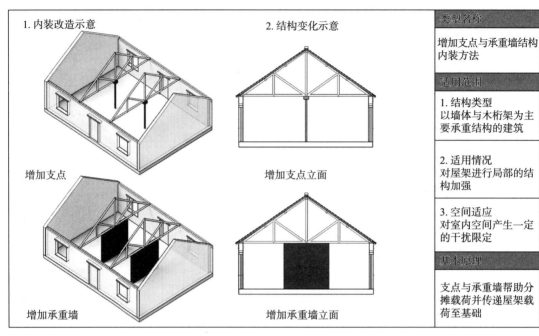

类型名称	
增加支点与承重墙结构内装方法	
适用范围	
1. 结构类型 以墙体与木桁架为主要承重结构的建筑	
2. 适用情况 对屋架进行局部的结构加强	
3. 空间适应 对室内空间产生一定的干扰限定	
基本原理	
支点与承重墙帮助分摊载荷并传递屋架载荷至基础	

图 3-18 增加支点与承重墙结构的加固方式概念图解

3）筒体与壁柱结构

筒体结构的加入为既有民居建筑的结构框架增加了刚度，壁柱结构则适用于承重墙体抗侧推力的加固，例如通过增加扶壁柱，以实现整体稳定性的加强（图 3-19）。

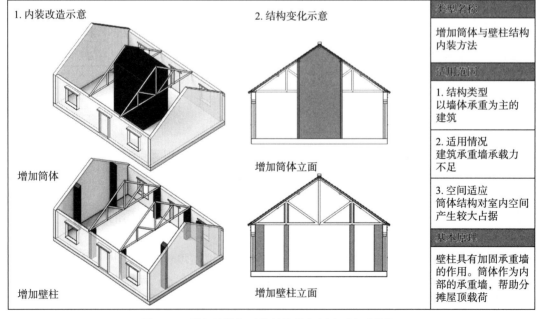

类型名称	
增加筒体与壁柱结构内装方法	
适用范围	
1. 结构类型 以墙体承重为主的建筑	
2. 适用情况 建筑承重墙承载力不足	
3. 空间适应 筒体结构对室内空间产生较大占据	
基本原理	
壁柱具有加固承重墙的作用。筒体作为内部的承重墙，帮助分摊屋顶载荷	

图 3-19 增加筒体与壁柱结构的加固方式概念图解

在瑞士建筑师奥加提（Valerio Ogliati）的学院报告厅设计中（图3-20a），建筑单向起坡且坡度接近45度，在这种几何形态下坡面受到的载荷由巨型斜撑构件抵抗，而坡面下部的侧墙则受到了较大的侧向应力，奥加提设计了两片壁柱，用以抵消墙体的侧向应力进而使墙面洞口得以开启。

在村落民居建筑的加固设计中，当村落民居墙体出现破损、变形等情况时，可以在与梁对应的墙体位置设置壁柱，以扶正破碎墙体，同时在壁柱加固的基础上，通过钢丝网、植筋等方式可以进一步对墙体进行密封与加强处理（图3-20b）。

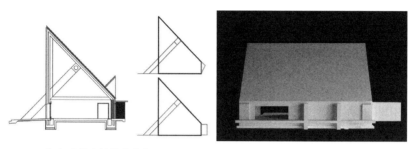

（a）壁柱在结构中的作用　　　　（b）学院报告厅石膏模型

图3-20　壁柱在结构中的作用和学院报告厅石膏模型

4）箱体结构

箱体置入是在原有建筑内部置入一个结构、内围护系统，并以该系统作为更新建筑内部主要使用界面的改造模式。箱体结构的整体性与稳定性不仅可以为内部提供使用空间，箱体本身具有的刚度可以对旧有建筑起到很好的支承作用。箱体的置入不破坏既有建筑，此外建造过程中，可以通过连接件将箱体框架与旧宅结构联结，起到对旧结构的约束作用，加强对原有建筑结构的保护。

箱体结构策略适应于小规模建筑的加固与加建，也适应于大规模建筑的内部改造。在坂茂设计的 Naked House（图3-21）中，大空间内置了几个活动箱体，限定了人体尺度的房间。同时 Naked House 也给我们提供了一种空间可变的思路，箱体可移动、可拆卸，对原有支撑空间的干扰降到了最小[8]（图3-22）。

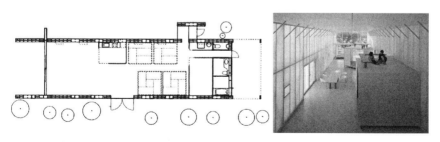

图3-21　坂茂设计的室内箱体结构

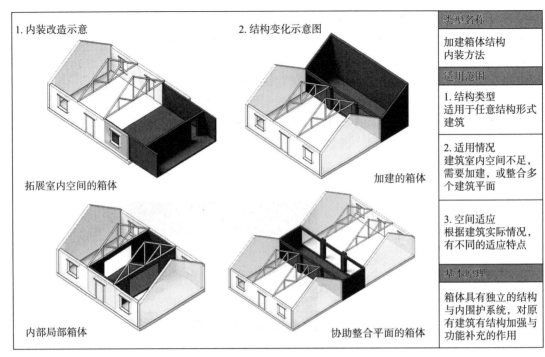

类型名称
加建箱体结构内装方法
适用范围
1. 结构类型 适用于任意结构形式建筑
2. 适用情况 建筑室内空间不足，需要加建，或整合多个建筑平面
3. 空间适应 根据建筑实际情况，有不同的适应特点
基本原理
箱体具有独立的结构与内围护系统，对原有建筑有结构加强与功能补充的作用

图中标注：
- 1. 内装改造示意
- 2. 结构变化示意图
- 拓展室内空间的箱体
- 加建的箱体
- 内部局部箱体
- 协助整合平面的箱体

图 3-22　加建箱体结构的加固方式概念图解

3.2　围护加强模式

围护体是构成村落民居的主体部分，主要由墙体、门窗、地面、屋面四个部分组成。据统计，建筑物与外界的能量交换中有 73—77% 是通过围护结构完成的[9]。

存在于民居建筑中的围护系统问题可归结为四类：

第一，围护耐久性。围护结构破坏，例如砌体结构脱落，面层腐朽霉变，墙体、屋面的渗漏、变形等。

第二，围护性能。在相同厚度情况下，传统砌体墙体隔热保温、隔声性能不足，门窗开启洞口密封性能不足并容易产生冷桥。

第三，美观与卫生。村落民居中应用廉价材料与简单的处理方式形成的内部界面，粗糙并容易藏污纳垢，无法满足日常生活对舒适性与卫生的基本要求。

第四，安全性能。传统村落民居中水电燃气等管道大多采用明管的方式暴露在外，在外部环境的长期侵蚀下容易破损并产生安全隐患。这是围护结构设计时未针对隐蔽工程预留设备空间的后果。

在传统民居内装工业化体系中，建筑体系分为主体修复加强部分（支撑体）与内装可变部品部分（填充体）。旧建筑与结构加强部品与围护加强部品共同构成支撑体系。同时，围护加强主要关注两个方面：首先是原有建筑围护体破坏部分的修复工作，遏制破坏的恶化并保证外观的基本完整。其次是在修复工作基础上进行围护结构性能的加强，使房屋支撑体在耐久性、物理性能上达到要求。本节将分别论述村落民居墙体、门窗、地面层、屋面层这四类围护结构的修复方法与内装加强策略。

3.2.1 墙体处理

1）村落民居建筑墙体的基本修复

在村落民居建筑长期使用的过程中，地基的不均匀沉降、气候导致的温度湿度差、工匠砌筑工艺水平低、地震波等情况都有可能造成农宅墙体产生裂缝与破坏。此时应首先应用传统墙体修复工法对墙体的裂缝进行修复，保证其完整性。

修复砌体墙体的方法有[10]：

（1）嵌缝封闭法

在裂缝处凿出 V 字形槽口，用水泥砂浆或环氧树脂类材料填塞，或者采用固化材料制作成嵌条后进行修补。

（2）灌浆法

该方法适用于非结构性破坏的墙体裂缝，采用黏结性与流动性较好的材料进行灌浆，凝结后完成对裂缝的修补。

（3）包裹纤维材料法

该方法不仅可以较好地填补墙体裂缝，还可以起到加强墙体结构强度的效果，施工粘贴时要求采用正确的施工方法，使得布、胶、墙形成良好的粘贴关系。

2）村落民居建筑墙体的性能加强

排除结构因素，耐久性与热工性能是评价村落民居墙体性能的重要指标。其中耐久性指标包含墙体的耐火性能、防水性能、耐腐蚀性能、抗开裂性能、抗空鼓性能等，热工性能则对房屋节能与室内环境的舒适性有着重要的影响，通常描述建筑墙体物理性能的指标有密度、厚度、热惰性、导热系数、热阻等。单位厚度的墙体热惰性越大、平均导热系数越低，则墙体的保温效果越好。

受地域材料工艺的影响，一些地方的民居本身就具有良好的物理性能。例如，中国传统建筑中的夯土建筑、窑洞等，因其夯土墙体厚度大于窑洞特殊的半地下建造区位，建筑围护系总体热惰性高，在应对环境温度变化时外部热量传递效率低，室内温度相对均衡，产生了冬暖夏凉的舒适物理环境。

苏南地区传统民居外墙材料主要以砌体墙、木板墙、石墙为主。墙体构造总体采用实心墙体，缺少基本的保温与防水设计。基于这类情况，本书提出两种墙体处理策略。

（1）与原有墙体结合的性能墙体

这种方式是在构造关系上内装围护部品与原有墙体紧密贴合。该方式适合于原有墙体完整且内表面比较平整的情况。原有墙体内表面首先满铺细密钢丝网，然后以 20 mm 厚的水泥砂浆进行找平，在此基础上内装墙体直接安装于找平层上。该方式的优点在于完成厚度较小，对室内空间较小的建筑比较适应。但是，这种方法的缺点是对原有建筑内墙表面进行了不可逆的改变，同时如果原有建筑外墙在使用过程中发生破坏，会对内部墙体的性能产生影响（图 3-23）。

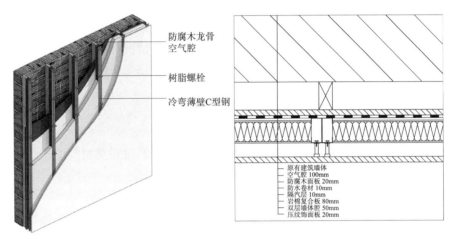

防腐木龙骨
空气腔

树脂螺栓

冷弯薄壁C型钢

原有建筑墙体
空气腔 100mm
防腐木面板 20mm
防水卷材 10mm
隔汽层 10mm
岩棉复合板 80mm
双层墙体腔 50mm
压纹饰面板 20mm

图 3-23　与原有墙体结合的内装墙体构造

（2）独立的性能墙体

独立的性能墙体在构造关系上与原有建筑完全脱开，由防腐木龙骨找平，用 100 mm 厚的空气腔进行分隔。这种方式的优势在于旧建筑墙体的渗漏、破坏等情况不会对内装墙体产生影响，同时隔开的空气腔有助于提升墙体的防潮、隔热性能（图 3-24）。

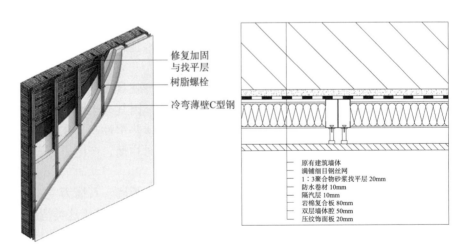

修复加固
与找平层

树脂螺栓

冷弯薄壁C型钢

原有建筑墙体
满铺细目钢丝网
1：3聚合物砂浆找平层 20mm
防水卷材 10mm
隔汽层 10mm
岩棉复合板 80mm
双层墙体腔 50mm
压纹饰面板 20mm

图 3-24　独立的内装墙体构造

（3）村落民居内装墙体的模块设计

在内装墙体的设计中，首先需要考虑墙板的运输与安装定位问题。由于大量施工作业在室内完成，建筑表面最大开口的尺寸决定了预制板的基本尺寸模数。在板材的选择上，轻质的板材更加适应于内装体系，因其便于进行人工室内搬运。预制板材在村落民居内部可以构成两种结构模式，一种是以轻钢龙骨为结构，板材依附其上。另外一种是预制墙板自身就是结构单元，通过相互拼接形成整体结构。在实际操作中，前者具有较高的结构稳定性，墙板施工后，空间方正程度较高。后者对现场定位施工要求更高，由于缺少几何骨架作为参照，需要优秀的现场校准工艺。

常用的轻质墙板有 NALC 板（蒸压轻质加气混凝土板），彩钢板等，NALC 板具有轻质、高强、自保温、节能、抗震环保等特点，在安装工艺上需要依附建筑龙骨。彩钢板的特点是自重轻，中间夹保温岩棉可以很好地起到保温作用并具有一定强度，在进行板间连接设计后，可以独立安装墙体块并形成内部墙面（图 3-25）。众建筑在大栅栏"内核院"设计中的房中房设计，便采用了这种技术，预制板之间的连接采用了简易的卡扣工艺，极大方便了人工操作。

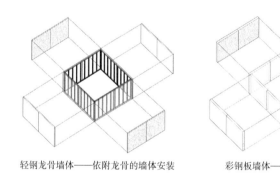

轻钢龙骨墙体——依附龙骨的墙体安装　　彩钢板墙体——墙体搭接形成结构

图 3-25　两种内装墙体的模块化设计

3.2.2　门窗处理

在传统村落民居中，门窗多采取老式木框门窗，窗面采用单层玻璃，构造简易。在工艺形式上，窗扇的小木作承载了地方建筑文化的符号特征，是构成传统村落民居外观的重要组成部分（图 3-26）。在建筑技术层面，传统木格窗扇材料构造的简易无法满足基本的密封、防水、防风、隔热功能，容易形成建筑冷桥。另外一方面，传统村落民居的洞口开启受到传统过梁构造方法的限制，对比现代建筑中的窗洞大开，传统村落民居建筑的窗户功能显现出开启方式、采光程度等方面的劣势。

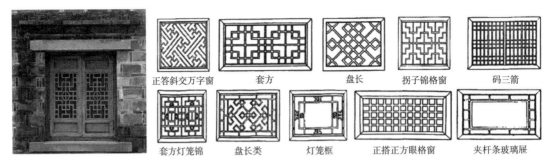

正答斜交万字窗	套方	盘长	拐子锦格窗	码三箭
套方灯笼锦	盘长类	灯笼框	正搭正方眼格窗	夹杆条玻璃屉

图 3-26　传统村落民居建筑的小木作窗隔

　　针对以上村落民居门窗洞口的特征。在内装工业化改造中，村落民居门窗部品需要被重新设计与替换。同时，部品的安装又要兼顾地方建筑文化符号的保护。此外，门窗部品将充分结合开放建筑中对可变隔断的设计理念，作为一种空间手段，提升建筑室内空间与户外空间交流的可能性。根据内装门窗部品在村落民居中的可能改造方式，现列举几类内装门窗部品（图 3-27）。

　　叠加型：保留原有建筑窗体，在其内部墙体（内装墙体）上的同样位置开窗，形成套窗关系。

　　悬挑型：窗洞口平台向外延伸，并将旧窗体外移，原有窗洞开性能窗体，形成飘窗与套窗。

　　折叠型：将原有门窗裱于铝合金框架上，做成折叠推拉门的形式，最大化门洞开启。

　　平移型：将原有门窗裱于铝合金框架上，做成平移推拉门的形式，类似移动隔墙。

　　挑檐型：将窗户或门做成液压上翻窗扇，吊起时形成住宅室外灰空间。

　　画幅型：窗框采用高强度钢结构，使用大面积玻璃，形成良好的采光与景观效果。

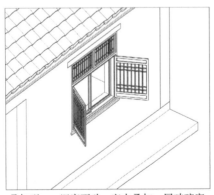

叠加型——旧窗不动，室内叠加一层玻璃窗

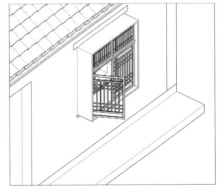

悬挑型——旧窗向外移动，增加室内空间

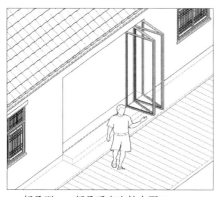
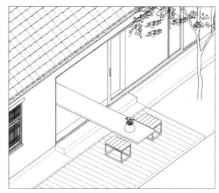

折叠型——折叠后产生较大洞口　　　　　平移型——建筑与室外空间关系更紧密

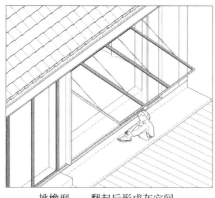

挑檐型——翻起后形成灰空间　　　　　画幅型——洞口开启较大,利于景观与采光

图 3-27　门窗部品的开启方式与空间策略

3.2.3　地面层处理

传统村落民居建筑的地面层表现为地基构造简易与建筑设备不兼容的特点。具体地讲,传统村落民居建筑地面基础埋深浅,鲜有地下室,同时不作防潮构造设计。这使得建筑在多雨季节的使用过程中出现地面返潮的现象,对房屋的耐久性与物品储藏产生不利影响。同时,地基的不均匀沉降使得村落民居地面凹凸不平,甚至出现裂缝。同时,村落民居房屋的设计没有考虑建筑水电系统的进入,后期的线路改造大多采取走明线的方式,不仅严重破坏了村落民居的美观性,也为日常使用埋下了安全隐患。

针对这种情况,SI 建筑的地面层技术具有应用优势。在上海绿地南翔·中国百年住宅示范工程中,采用了架空地面的做法,即卫生间集中降板,地面采用架空处理,水管采用同层排水的做法,线路集成于空腔中。同时,部分设备集中区域设置了维修口,方便对架空层的管线进行检修[11]（图 3-28）。

| 架空地面构造 | 架空地板 | 设备腔 |

图 3-28　架空地面技术

对比传统装修工艺，内装工业化架空地面的做法不仅很好地解决了地面找平问题，免去了砂浆找平、自流平等技术流程，也为建筑的设备管线集成提供了设备空间。同时架空地板构造可以集成地暖技术，大幅度地提升了室内空间的舒适性（图 3-29）。

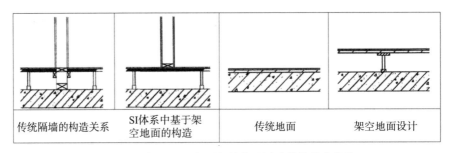

| 传统隔墙的构造关系 | SI体系中基于架空地面的构造 | 传统地面 | 架空地面设计 |

图 3-29　架空地面应用与村落民居建筑的技术优势

在乡村民居建筑的内装工业化改造中，应用架空地面技术可以很好地解决村落民居建筑地面设备与性能层面的问题处理，可以有效地应对防潮、无设备空间的问题。同时，架空的构造形式充分隔断了既有建筑与内装部品，避免了改造对既有建筑产生二次破坏。此外，建立于架空地面体系，隔墙系统在设备位置可变的基础上实现了灵活可变（图 3-30）。

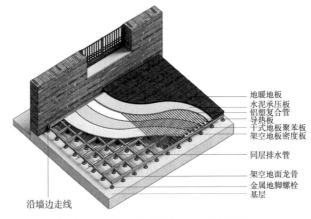

地暖地板
水泥承压板
铝塑复合管
导热板
干式地板聚苯板
架空地板密度板

同层排水管

架空地面龙骨
金属地脚螺栓
基层

沿墙边走线

图 3-30　传统村落民居建筑架空地面构造

3.2.4 屋面层处理

1）屋面性能修复

根据《中国古代建筑技术史》[12]一书，传统屋面构造主要由基层（望砖、望板）、垫层（苫背）、结合层（灰泥层）和面层（瓦、茅草等）构成（图3-31）。在传统村落民居中，屋面构造主要由面层与基层构成，结合层属于性能加强层。基层是室内可见的部分，是屋面防水的底线，也是在将屋面载荷通过檩条传给梁柱墙的重要构件。面层是第一道防线，致力于将雨水通过重力导流的方式迅速向檐口倾泻。结合层则是防水加强层：一方面起到密封作用，防止雨水渗入木质基层；其次，起到储水作用，将未能及时排出的雨水吸纳住，并且在天气晴朗时通过蒸腾作用挥发其中的水分。对比传统做法，现代挂瓦屋顶用油毡代替原有屋顶的结合层（麦秸泥等）减少了结合层的厚度与重量，同时还在基层与防水层之间设置保温层，提高了房屋的保温性能[13]。

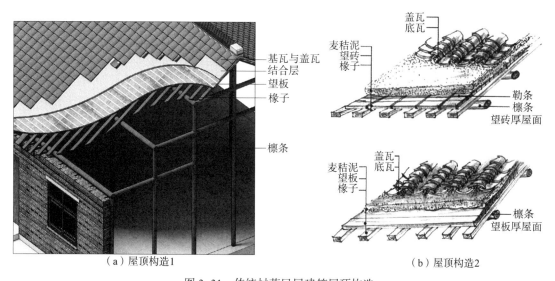

（a）屋顶构造1　　　　　　　　　　（b）屋顶构造2

图3-31　传统村落民居建筑屋顶构造

当传统村落民居屋面出现改造需求时，需要对屋面出现的问题进行分情况处理：首先需判断屋面破坏程度。当屋面严重破坏、出现大面积开裂、局部坍塌等情况时，则不建议对屋面进行修补而是采用屋面重建的方式进行改造。其次需判断是否涉及结构问题，当村落民居因结构变形导致屋面开裂，则需要结合结构加强内装进行房屋结构加强稳定，在此基础上对屋面进行修补，避免因其他结构部件原因造成屋面二次破坏。最后，判断是否需要针对屋面的固有构造与破坏部位进行具体修复设计。例如屋面出现渗漏问题，当面层构造是干挂瓦时，可以考虑将瓦面拆除并重做结合层后将挂瓦片恢复。当面层与结合层是湿法连接时，则考虑从室内望板外侧进行防水处理，原有的基层则纳入结合层，基层则以石膏板等面材重置。

2）双层屋顶系统

基于以上考虑，本书提出双层屋顶系统和预制屋面吊装两种屋顶处理整体方案。

传统村落民居建筑屋面的修复性保护需要建立在屋面整体的完好性与对屋面性能的精确检测上。当屋面出现非结构性的严重破坏时，则可考虑安装内装屋顶的方式进行改造。其做法是在原有结构基础上新增一个具有独立屋架的屋面系统，新的屋面系统将代替旧有屋面起到承受载荷、防水、保温等功能。旧有屋面将进行保护处理以防止其进一步破坏。在新的屋架系统中，旧有屋面将成为面层部分，起到基本的遮阳、挡雨功能（图 3-32）。

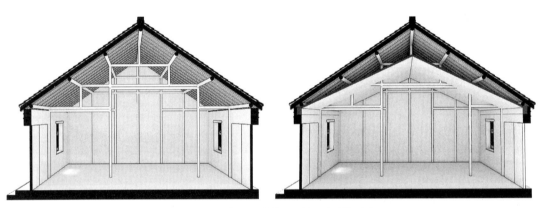

图 3-32 村落民居建筑双层屋顶系统示意

3）预制屋面吊装

当屋面出现结构性破坏且屋面破坏程度较高时，可考虑拆除原有屋面，根据原有屋面的相关参数与屋架的结构特点，采用新的材料进行整体式屋面设计。工厂定制生产后运输至现场进行吊装安装。此外，还有一种集成度较高的内装改造模式，其具体做法是将建筑屋顶拆除，仅保留其四周的墙体，在工厂预制包括屋顶在内的整体房屋模块，运输至现场后进行整体吊装，将新的房屋系统植入原有墙体范围内，并一次性完成改造。

3.3 设备集成模式

设备加强内装的主要目的在于加强改造村落民居建筑的设备性能，包括照明系统、中水系统、空调系统、兴风系统、采光系统、卫浴系统。传统村落民居的建筑设备较为简易，许多建筑设备是建筑完成后进行引线安装的，水电线路经常以明线的方式出现在建筑环境中，不仅破坏了传统建筑的美观性，同时也带来了安全隐患与耐久性差的问题。

以村落民居建筑为改造目标的内装设备加强系统具有四个设计原则：第一是成品设备原则，即设备以成本的方式生产组装，尽量减少现场安装工序。第二是设备的隐蔽性，即利用冗余空间进行设备安排，避免设备外露或对使用空间产生占据，建筑设备管线在设备腔中并由保护性材料进行包裹。第三是设备的集成性，运用系统化思路集成设备，使得多种设备集中于设备房或设备腔中，最小化设备空间容量。第四是设备的可维修性，充分考虑设备腔的维修空间、开启方式等，保证工人可以在安全的环境中进行设备维修。基于以上设计原则，本节将详细介绍运用于村落民居建筑改造的几类内装设备。

3.3.1 集成卫浴

20 世纪初，在预制建筑研究的启蒙期，富勒（Fuller）为节能建筑设计了预制浴室舱（图 3-33 a），启发了后人对整体式卫浴的研究[14]。1964 年，日本东京举办夏季奥运会，日本设计师制作了预制箱式卫生间，应用于运动员公寓。2008 年莱斯大学建筑学院为 178 个住宅宿舍设计了浴室吊舱（图 3-33 b），浴室主要运用了玻璃纤维材料（GFRP），浴室作为模块被运输至现场，经过吊装定位并安装到位。时至今日，整体式卫浴已经广泛运用于 SI 体系下的公寓楼项目，而且其技术适应性广泛并能作为独立产品进入市场。相对于一般的建筑卫浴装修工法，整体式卫浴简化了建筑防水与水电安排工序，具有快速安装与减少人工成本的优点，同时卫浴采用整体底盘，在防漏性能上有显著优势。

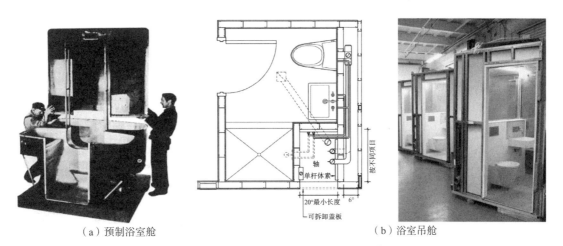

（a）预制浴室舱　　　　　　　　　　　　　（b）浴室吊舱

图 3-33　富勒为节能住宅系列设计的预制浴室舱和莱斯大学建筑学院设计的浴室吊舱

在内装工业化村落民居改造中，整体式卫浴将被运用到设计中。针对一些内部空间不足的小型村落民居，设计将选用箱体式的外挂卫浴单元，作为建筑的附属部分。

3.3.2 水电系统

在传统的湿法家居内装流程中，水电系统采用开凿墙体埋线的方式进行施工定点，在此基础上进行墙体面层处理、板材安装等工序（图3-34）。这种模式带来了因房屋功能设计的前置性导致的建造不可逆性。具体地说，当房屋在使用一定时间后需要功能更新或者进行设备层的维修时，便不得不对原有内装进行全部或部分拆除重建。这不仅造成返工的耗材耗力，也很大程度地降低了原有建筑的耐久性。

图3-34　传统水电装修中对墙体进行开槽操作

在内装工业化改造中，水电系统的集成思路延续并发展了SI住宅中的水电设施设计策略，形成适应于村落民居水电改造的两个策略。

1）集中管井与同层排水策略

SI住宅中，公共的竖向管井不再出现于户型平面内，从而固定了各户型的供排水设施位置。公共管井设立于公共走廊或者公共梯井部分，配合架空地面技术，管线由公共管井进行分流并以同层排水的方式进入每个户型。这样的优势在于，每个户型都可以根据需要进行个性化的管线排列设计，服务空间的位置不再固定，平面布置就更加灵活（图3-35）。

在传统村落民居建筑的水电改造中，采用了相同的架空地面的管道空腔设计手法，水管隐藏于地板层下部并组织同层排水。管道通过地面导向建筑外部并与城市管网连接，这样就能在没有进行基础设施建设的既有建筑中实现排污。同时，所有水管、煤气、电气设备管线最终汇集于一个公共设备腔内，方便引接与维护。公共设备腔可以外挂在建筑外部，作为附属服务设备，也可以将电器设备腔设置于老建筑山墙吊顶内等冗余的角落空间中（图3-36）。

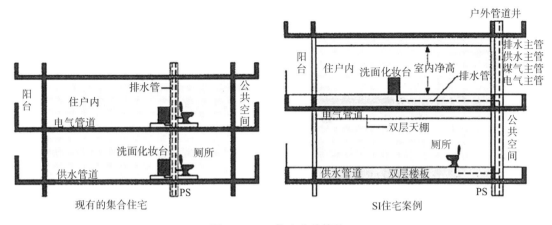

图 3-35　SI 住宅公共管井

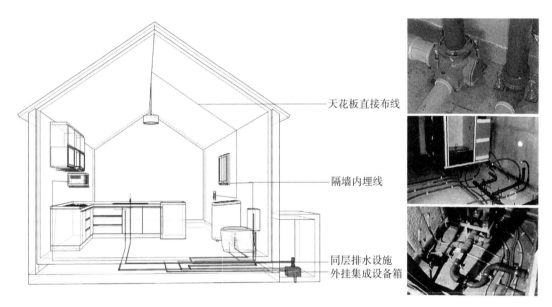

图 3-36　村落民居建筑水电设备集成策略

2）扁平电缆策略

日本 SI 住宅中采用扁平式电缆，其优势在于电缆线可以依附于墙体布置，在进行天花板布线时，占用空间小，布线方式灵活。在村落民居建筑中，当室内净高不足时，可通过布置扁平电缆的方式减小吊顶厚度，实现空间最大化。

3）空腔墙与隔墙布线策略

空腔墙布线方法基于内装墙体的空腔做法，在树脂螺栓的空腔内进行布电缆线，这种布线方式不对墙体进行开凿，具有明显的灵活性，适宜于保护与改造并重的村落民居更新。同时在内装可变隔墙系统中，对隔墙进行配线预留可以实现可变分隔墙的电缆布线，这为户型的可变性提供了更好的技术环境。

3.3.3 空调系统

传统乡村生活方式不依赖于空调设备，村民通过建筑材料与其本土化的建筑建造与布局方式来应对气候变化。村民还会利用外界资源进行气候适应的活动，例如利用井水浇墙、爬藤绿植覆盖墙体等方式来避暑降温。但随着全球气候变暖，极端性气候带来酷暑与寒冬。村民日益提高的生活品质需求对建筑气候控制设备提出了新要求。

在内装工业化部品体系中，空调设备是工业化、产品化、市场化程度较高的内装部品。村落民居内装工业化更新改造设计时，针对空气调节设备，宜关注以下几个方面内容。

1）设备腔体预留

在内装改造时，设计应充分考虑空调内外机在室内空间中各自的位置。同时要考虑内外机之间联系的方式，尽量采取最美观、最隐匿、最直接的机位摆放方式，最小化空调设备对原有建筑墙体的占据与破坏。

2）设备规格

与厂家充分沟通，根据村落民居内的空间容量选择合适的空调规格。当室内面积在 30 m² 以下时，宜采用壁挂式 2.5p（匹）以下的空调设备，当室内面积为 30—60 m² 时宜采用 3—4p 的柜机式空调设备，当室内面积大于 60 m² 时宜考虑采用中央空调设备，以保证空气调节的均衡性与时效性。

3）出风、回风位置

设计应充分考虑空调室内机位在房间中的位置，空调出风口不被遮挡，并应避免正对使用者停留区域，例如床、工作台等位置。其次，空调设备外机的放置应充分考虑建筑的改造外观以及与其他设备集成的可能性。此外，充分考虑中央空调对室内空间吊顶的要求，考虑内装箱体对室内分机的承载能力。

4）可维修空间

预留空调维修与更换口，方便空调长期使用过程中制冷剂的补充与滤网清晰等活动。

3.3.4 光源改造

以实际堪踏与民意访问为依据，传统村落民居建筑室内采光条件普遍较差，其原因主要表现为四个方面。

1）坡屋顶对采光的影响

考虑到防风散水，苏南地区传统村落民居建筑普遍采用坡屋顶形式，其特点是屋脊作为整个屋架的最高点，继而向两侧结构降坡。这种方式使得朝向东南方向的建筑界面成为最低矮的部分。为了进行采光，窗户通常开在该界面上。在室内，屋脊下部的屋架部分很难被照亮，坡屋顶的封闭形式也在某种程度上阻碍了房屋最大化采光。北方地区的坡屋顶建筑会进行"反宇"处理，即对坡屋顶檐口进行起翘，起到了一定的采光增益作用。

2）房屋进深对采光的影响

传统村落民居建筑以三开间为主，建筑群多以联排的形式组合，同时受到宅基地规模的影响，部分村落民居建筑进深较大。这种情况也造成光线无法充分进入村落民居建筑的问题。

3）结构形式与开口对采光的影响

传统村落民居建筑洞口的开启以砖木过梁的方式为主，由于构造方法的不成熟，建筑洞口无法大开，构成对室内采光的限制。同时传统村落民居建筑窗扇多以木质窗扇为主，窗面木隔断较多，对采光效率进行了削减。

4）建筑群排布对采光的影响

在一些以组团状为布局特点的村落中，建筑单体之间联系紧密，这种建筑群布置对建筑之间的采光间距没有明确控制，造成建筑之间相互遮挡情况。

针对以上情况，内装工业化改造设计针对乡村民居建筑提出光源改造的基本方法。

首先是导光筒设计。导光筒是一种绿色建筑设计产品，其功能是可以通过筒状装置将室外集光器的光线反射至室内，从而实现白天室内的零能耗照明。该设计可以应用于进行吊顶改造的村落民居，将导光筒安装于吊顶与屋面间的屋架部分，从而解决坡屋顶与大进深村落民居建筑中的采光问题（图3-37）。

其次是玻璃砖屋面。玻璃砖屋面适用于不对室内进行吊顶改造的改造实例。通过对屋面层望砖的局部拆除，并以玻璃砖进行替换。在构造上保证外侧玻璃砖完成面盖过结合层以解决防水问题。这样的改造解决了坡屋顶无法透光的问题，为室内引入了光线。在庄慎设计的黎里黎里农屋改造中，就采用了类似手法，坡屋顶室内获得戏剧性的采光效果（图3-38）。

图3-37 导光筒设计

图 3-38 黎里黎里农屋对室内采光的改造

3.4 空间拓展模式

香港中文大学贾倍思教授在论述开放建筑在空间功能的灵活性时说，"建筑的功能并非由空间的大小来决定，而是由家具陈设来确定；随着内部陈设的变化，多种迥然不同的功能可以在同一个建筑中交替出现"。[15] 可见，空间的功能容量不是由空间规模来决定的，而是由规模空间内包含的空间密度决定，家具就是一种对空间密度产生影响的手段。在柯布西耶设计的最小化住宅中，客厅与卧室作为两种相互独立的使用功能以相互转换的方式在户型中出现，当折叠床放下时，房间在夜晚成为卧室，收起时则成为会客厅。所以空间密度的实现方式在于，将家具设计成可根据时间进行相应转换的装置，使单个家具提供多个时段的功能需求，空间功能也就实现了在时间差上的叠加。相同的理论印证于马特（Mart Stam）对住宅家庭活动的统计分析结果，他发现在家庭生活中许多活动并不会在同一个时空出现，这就为空间功能在时间上的叠加找到了现实意义。

内装体系加强空间使用的丰富性与高效性体现在三个层面：首先是对空间分隔方式的灵活多变，即空间中房间数量的弹性改变，为了空间的私密性划分提供了更多可能性；其次是可变式家具，在同一空间中通过家具的变化带来不同的功能适应性，从而在时空关系上增加了使用面积；最后是模块化加建，通过加建模块的方式增加建筑内部空间规模，在合院式传统建筑中，模块加建的方式可以整合并优化建筑平面功能关系、解决气候边界模糊等问题。

3.4.1 临时性隔断

在工业化内装的建筑空间中，墙体分隔区别于以往的户型概念，不再对室内空间进行固定的分割，转而采用可移动、拆卸的轻质隔墙作为一种空间手段。这种方式瓦解了以户型作为空间分隔的模式，增加了同一建筑内部功能多样化的可能性，同时活动隔墙为村落民居享受户外环境提供了可能，通过开闭活动隔断，将田园景观引入住宅环境中，充分发挥了村落民居的地理环境优势。

这种临时性隔断的建筑方式在日本民居与宫殿建筑中较为常见，其中具有代表性的是诞生于江户时期的桂离宫（图3-39），内部空间由可移动的格栅门构成并划分，当格栅门打开时，建筑外的园林景致会渗入室内，同时建筑空间也在房间与厅堂之间灵活转换。

在施罗德住宅中（图3-40），建筑二层使用了大量可移动的分隔构件。白天，二层平面作为一个完全开敞的活动空间进行使用，住户可以在大空间中进行会客、娱乐等多种功能；晚上，二层平面被临时隔断分割成几个独立的卧室，提供了个人休憩的私密空间。

图3-39 桂离宫中的灵活隔断空间

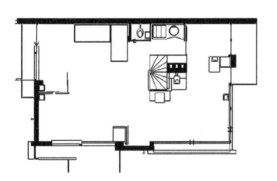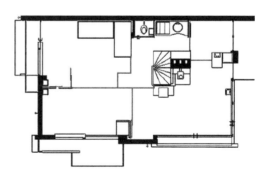

图3-40 施罗德住宅中的弹性空间设计

在村落民居建筑内装工业化改造中，内部隔墙主要有三种基本方式。

1）轻质隔墙

以轻钢龙骨为主要结构的隔墙，特点是自重轻、强度高，可以由人工进行搬运与安装。轻钢龙骨隔墙与架空地面和吊顶进行铰接，在产生户型改变的需求时，具有可拆卸移动的特点。

2）移动门

移动门作为一种软隔断方式，可以有效地进行空间的弹性划分。针对乡村住宅建筑空间规模小的特点，用户能通过弹性改变空间隔断的方式来增加住宅内部功能的可能性。

3）家具墙

用家具来进行空间分隔是一种有效的室内分隔方式。将橱柜类家具进行导轨设计，使得家具可以被移动，从而灵活地改变户型。

3.4.2 可变式家具

家具的可变性之所以能够为空间使用提供更高的品质，一方面在于其依靠形态变化带来丰富的使用功能；另一方面则在于可变家具可以减少空间被实体家具占据的面积，从而为使用者提供了丰富的活动空间。

家具的可变性包含于极小空间利用的研究中，1952年柯布西耶修建于法国马赛地中海沿岸的马丁岬的海角卡巴农（Cabanon）小木屋（图3-41），他在其3.66 m×3.66 m×2.26 m的空间中安排了工作与居住的功能[16]。

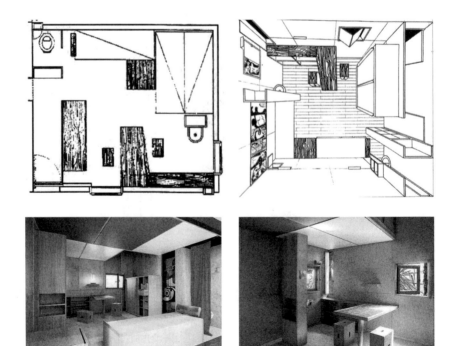

图3-41　柯布西耶的卡巴农小木屋平面、顶视、透视

可以看到，小木屋设计中的家具考虑了人体使用的最小尺度，但尚未涉及家具的集成与变化。在伦佐·皮亚诺（Piano）的 7.5 m² 的 Diogene 小屋设计中，厨卫功能被安排于一面多功能壁龛上，其余空间则被空出来作为人体操作的空间，同时小屋集成了太阳与雨水设备，形成能源供给系统。在张永和香港小住宅设计中，他充分利用了家具移动所带来的空间潜力，将厨房、床位等功能集成于一面橱上，当橱柜移向户型中间，则户型中出现厨房与餐厅功能，当橱柜移向北侧墙壁并将折叠于其上的床放下，整个空间又转变为一个宽敞的卧室。在席殊书屋的设计中（图 3-42），张永和为书架设计了"轮子"，并以书架的转动改变整个图书室空间的秩序。

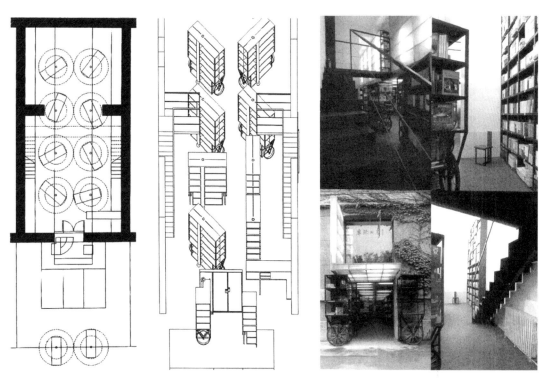

图 3-42　席殊书屋的可移动书架

普遍意义上说，传统村落民居建筑的空间规模是局促有限的，极小空间的设计策略与集成家具是解决村落民居空间需求问题的一种有效方法。家具的定制生产相对于现场打造的方式具有环保与高效的特点，它在满足中低收入水平阶层的生活需求中具有较高的可实现性与性价比（图 3-43）。

在内装工业化体系中，家具并不停留于装饰、收纳、使用的功能，它还被赋予建筑部件的特性。结合第 3 章第 3.1 节的"结构加固模式"相关内容，家具可以与结构加强内装相集成，形成具有建筑结构效用的室内家具，例如有承重功能的钢结构书架等。

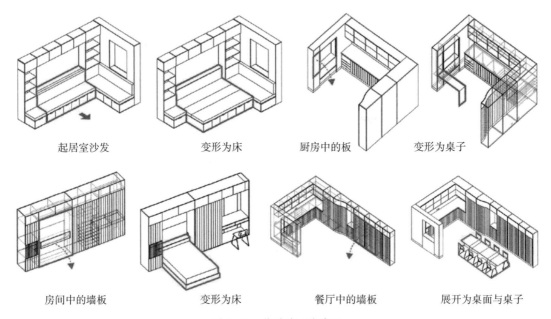

| 起居室沙发 | 变形为床 | 厨房中的板 | 变形为桌子 |

| 房间中的墙板 | 变形为床 | 餐厅中的墙板 | 展开为桌面与桌子 |

图 3-43　收纳式可变家具

3.4.3　模块化加建

在乡村民居建筑更新中，模块化加建是通过吊装加建预制箱体式建筑成品，并与原有建筑空间充分衔接，从而扩大传统村落民居建筑内部空间规模的方法。笔者在实际踏勘中发现，许多自身规模在 20 m² 以内的村落民居建筑无法单纯通过内部改造的方式满足远期使用功能。因为即便进行内部空间改造，其过小的建筑规模也无法满足舒适的生活需求。

在《预制建筑》（*Prefab Architecture*）一书中，介绍了由集装箱为单元的预制箱体模块，通过工厂预制与现场吊装拼合安装的方式进行房屋建造。这种建造方式具有较高的集成度，房屋的外围护体、结构体、内装等皆可以在工厂中完成设计与建造，避免了现场施工在工程安排上的耗时耗力，具有显著的工业化特征（图 3-44）。

图 3-44　预制模块加建

针对传统村落民居建筑规模与平面功能的基本问题，模块化加建作为一种拓展空间的手段，可处理以下两类问题：

1）自留地加建

传统村落民居建筑周边一般留有一定规模的自留地，这些土地，农民平时作为菜园使用，模块化加建可以充分利用农民的自留地，加建临时建筑模块，拓展旧建筑的使用空间。

2）平面功能整合

一些合院式的传统村落民居建筑具有适宜的规模，但因为房间之间由庭院隔开，房间之间的交通需要经过室外，造成极端天气情况下的使用不便，模块化加建可以很好地联通并整合零散的旧宅房间，形成舒适的平面关系（图 3-45）。

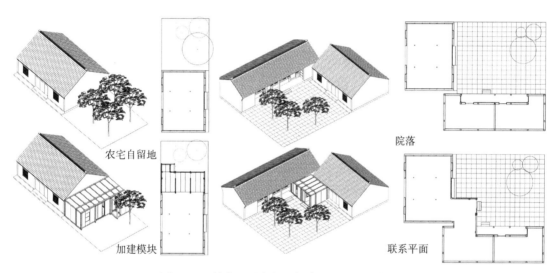

图 3-45　村落民居自留地加建图及平面整合图

第 3 章参考文献

［1］蒋齐.碳纤维加固法与粘钢加固法的适用性及经济性比较分析［D］.上海：上海交通大学，2007.

［2］陈友泉，王彦敏.轻钢结构蒙皮效应的应用探讨［J］.建筑结构，2002，32（2）：29-33.

［3］刘洋.轻钢结构蒙皮效应的理论与试验研究［D］.上海：同济大学，2006.

［4］川口卫，等.建筑结构的奥秘：力的传递与形式［M］.王小盾，陈志华，译.北京：清华大学出版社，2012.

［5］汪菊.网架结构设计与加固研究［D］.长沙：中南大学，2012.

［6］筱原一男作品集编辑委员会.建筑：筱原一男［M］.南京：东南大学出版社，2013.

［7］坂本一成.住宅—日常の诗学［M］.东京都港区：TOTO 出版社，2001.

［8］JESKA S. Transparent plastics：design and technology［M］.Berlin：Birkhauser

Verlag AG, 2008.

[9] 王立雄.建筑节能[M].2版.北京:中国建筑工业出版社,2009:37.

[10] 高明,陈玉梅.砌体房屋墙体裂缝修补技术简述[J].黑龙江科技信息,2008
(20):243.

[11] 刘东卫,闫英俊,梅园秀平,等.新型住宅工业化背景下建筑内装填充体研发与
设计建造[J].建筑学报,2014(7):10-16.

[12] 中国科学院自然科学史研究所.中国古代建筑技术史[M].北京:科学出版社,
1985:185.

[13] 刘翠林.从气候适宜性角度讨论江浙民间传统建筑屋面主要构造类型[J].古建
园林技术,2015(1):44-52.

[14] SMITH R E. Prefab architecture[M]. Hoboken: John Wiley & Sons, 2010.

[15] 贾倍思,江盈盈."开放建筑"历史回顾及其对中国当代住宅设计的启示[J].建
筑学报,2013(1):20-26.

[16] W. 奥博席勒.勒·柯布西耶全集第五卷:1946—1952年[M].牛艳芳,程超,
译.北京:中国建筑工业出版社,2005:54-61.

第3章图片来源

图 3-1 至图 3-12 源自:笔者绘制.

图 3-13、图 3-14 源自:宫本佳明工作室官网.

图 3-15 源自:筱原一男作品集编辑委员会.建筑:筱原一男[M].南京:东南大学出
版社,2013.

图 3-16 源自:笔者绘制.

图 3-17 源自:坂本一成.住宅—日常の诗学[M].东京:TOTO 出版社,2001.

图 3-18、图 3-19 源自:笔者绘制.

图 3-20 源自:笔者绘制;LEVENE R. Valerio Olgiati 1996—2011[J].EL coroquis.editoral.

图 3-21 源自:JESKA S. Transparent plastics: design and technology[M].Berlin: Birkhauser
Verlag AG, 2008.

图 3-22 至图 3-25 源自:笔者绘制.

图 3-26 源自:赵广超.不只中国木建筑[M].上海:上海科技出版社,2001.

图 3-27 源自:笔者绘制.

图 3-28 源自:闫英俊,等.SI 住宅的技术集成及其内装工业化工法研究与应用[J].
建筑学报,2012(4).

图 3-29 源自:秦姗.基于 SI 体系的可持续住宅理论研究与设计实践[D].北京:中
国建筑设计研究院,2014.

图 3-30 源自:笔者绘制.

图 3-31 源自;笔者和刘翠林绘制.

图 3-32 源自:笔者绘制.

图 3-33 源自:SMITH R. Prefab architecture[M]. Hoboken: John Wiley & Sons, 2010.

图 3-34 源自:笔者拍摄.

图 3-35 源自：闫英俊，等．SI 住宅的技术集成及其内装工业化工法研发与应用［J］．
　　　　建筑学报，2012（4）．

图 3-36 源自：笔者结合文献 1［周静敏，苗青，司红松，汪彬．内装工业化与住宅的品
　　　　质时代［J］．建筑学报，2014，（7）：1］和文献 2［闫英俊，刘东卫，薛磊．SI 住宅
　　　　的技术集成及其内装工业化工法研发与应用［J］．建筑学报，2012，（4）：55-59］
　　　　中的插图绘制．

图 3-37 源自：搜狐网．

图 3-38 源自：成都文锦图像官网．

图 3-39 源自：陈巍．桂离宫的现代启示．［J］．建筑学报，1999（4）：89.

图 3-40 源自：笔者绘制．

图 3-41 源自：笔者根据微窗官网绘制．

图 3-42 源自：王明贤．平常建筑：张永和［M］．北京：中国建筑工业出版社，2002.

图 3-43 源自：谷德设计网．

图 3-44 源自：SMITH R. Prefab architecture［M］．Hoboken：John Wiley & Sons，2010.

图 3-45 源自：笔者绘制．

4 实例应用与技术细节

本章主要通过实例建造的方式，对传统村落民居建筑内装工业化体系与技术加以实践验证，并尝试详细阐述村落民居内装工业化体系实际操作中的问题。从环境信息、改造策略、内装部品选择、生产施工组织等角度进行剖析，一方面总结梳理了前文对传统村落民居建筑改造内装工业化体系的定义与思路，另一方面通过更具可读性的实际建造方式，将内装工业化应用于传统村落民居建筑改造的技术特点与优势进行充分呈现。

4.1 应用场景的分析与研究

4.1.1 场地条件

本章以位于江苏中部兴化市张郭镇刘东村的民居建筑作为改造对象。该传统村落民居建筑具备以下特点。

1）广泛的代表性

选定民居建筑平面形式为三开间、一明两暗的合院式村落民居，分为三开间的坡屋顶村落民居建筑与平屋顶两厢房的加建部分。坡屋顶村落民居建造时间较早，以砖混结构为主，具有传统村落民居建筑的时间属性与构造特征。加建部分较新，属于农民自主加建，采用了混凝土结构，但是工艺简陋，总体建筑质量较差。加建部分也具有某种代表性，因为民居建筑的自主加建已经成为普遍的现象。但是自主加建的质量不可控，往往为传统村落风貌保护带来新的问题。

2）可保留的价值

选定的民居建筑虽然建造时间久远，结构形式简易，但仍存在值得挖掘的建筑装饰与细节，并且具有一定的历史人文价值。尤其是村落民居建筑屋脊的形式，蕴含了本土工匠的智慧（图4-1）。村落民居建筑尚未达到构成文保单位的建筑层次，但恰恰是这类处于文保判定边缘的村落民居建筑，正在拆建浪潮中快速匿迹。

3）主体的代表性

选定民居建筑的主人是地地道道的农民出身。交谈中得知，虽然保留安土重迁的思想，但是户主的生活方式与生活需求也逐渐城市化。户

图 4-1　选定村落民居建筑中的传统符号

主坦言，传统村落民居建筑虽然有其居住优势，但也基本无法满足现代
生活需求。他本人正寻求一种既能安守于故土，又能让生活品质有所提
升的方法。这种意识在广大乡村具有广泛的代表性。

　　4）建筑的完整性

　　作为内装工业化民居建筑的试验对象，选定的民居建筑须主体完整，
建筑结构基本完好，不存在严重的破损与坍塌情况，这样有利于理论体
系的试验与应用。

　　该民居建筑周边建筑群布置呈现出组团式高密度布局的特点，建筑
单体相邻布置，街巷空间尺度较小。建筑位于村建筑群的中心区域，其
北侧与另外一户宅邻接，南侧为村级宅前道，东侧留有一条巷道，建筑
主入口设于南侧。建筑场地平整，没有地形变化（图 4-2）。

图 4-2　村落民居建筑周边场地环境

4.1.2　业主沟通

　　为了更好地了解民居建筑的现状信息与户主自身的需求，与户主进
行了深入交谈，并要求户主根据自身日常使用情况，提出对现有房屋的
有待改进之处。根据访谈记录的信息汇总，户主对民居建筑存在以下几
点不满（图 4-3）。

图 4-3　民居建筑现状问题图示

1）建筑空间规模

该民居建筑由三开间的坡屋顶主体与附属加建部分构成。三开间的堂屋与两侧卧室是主要的生活起居空间，其中堂屋仅有 12 m²，两侧卧室各 12 m²，主体三间建筑面积仅 40 m² 左右（图 4-4）。局促的房间规模为生活带来诸多不便。此外，加建部分的房间与建筑主体在流线上是分离的，需要通过室外天井进入，所以虽然是院落型建筑，但实际的生活起居空间十分有限。

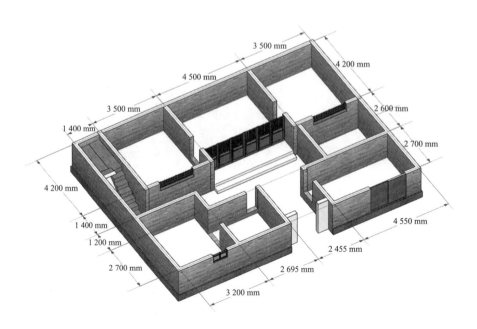

图 4-4　村落民居建筑现状的平面参数

2）建筑功能问题

户主从自身生活感受中总结，该建筑在功能上存在两类问题：首先是功能不齐全，由于基础设施建设问题，建筑中没有完好的卫生设施，目前采用的是西侧楼梯下部的旱厕，同时空调设备缺失，导致在极端气候中居住的舒适性低下；其次是空间功能的冗余，由于缺乏系统的安排，加建部分东侧与东南侧两间常年空置，仅作为储物空间。

3）建筑采光问题

由于采用了合院的加建形式，三开间"三明"的房间变成"一明两暗"，西侧体量进行了适当退让，使得西边一间获得部分采光，所以尚可看作二明一暗。堂屋作为明间，其南侧木门扇向室内退让，虽然留出了灰空间，但削减了堂屋采光的效率。此外东侧卧室作为暗房间，使用品质较差，尤其是在冬天，室内温度较低。

4）建筑气候问题

建筑地基埋深浅、工艺简单，雨季造成的地面返潮问题严重影响了日常生活。此外，建筑北侧与其他农户接壤，除堂屋的六扇木格栅门外，仅有西侧卧室南侧开窗，东侧卧室东面上墙开了一扇采光高窗，这种情况导致其室内空气交换效率低，在夏季炎热气候时段，室内环境闷热。

5）基础设施问题

建筑基础设施建造不规范，如建筑水管采用明管的方式排列，在冬季经常出现冻结或者爆裂的问题。电线以明线的方式安排在室内空间中，存在安全隐患。

4.1.3 结构评估

针对现状建筑的结构进行观察与评估，充分了解现状建筑的结构形式、完整度情况（图4-5）。根据实地勘察与访问，选定建筑采用了砖木混合结构，屋架采用木结构檩条与椽子，下部由承重墙进行支撑，形成三间的房屋结构。该建筑目前结构完整，未出现破坏的情况，结构杆件表面保护层也较为完好。

图4-5　现状民居建筑结构

课题组利用有限元分析（FEA）工具对既有建筑结构与经过框架龙骨加固后的建筑结构进行模拟分析（图4-6）。从图示分析的结果可知，在重力载荷与风力（侧向力模拟）的影响下，既有建筑的结构系统存在一个变形趋势值。

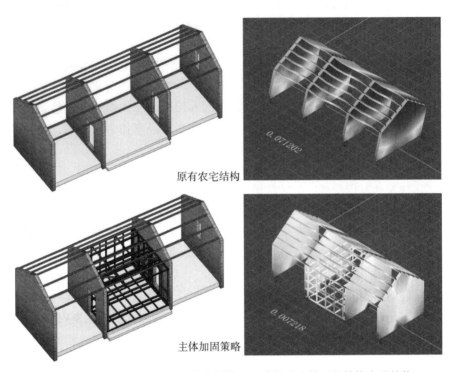

原有农宅结构

主体加固策略

图4-6　利用有限元技术分析传统村落民居建筑改造前后的结构变形趋势

4.2　技术模式的选择与应用

4.2.1　结构加固策略

原有建筑结构主要为墙承重，屋架由檩条、椽子构成屋面，承重墙支撑屋面并限定了建筑房间的分隔方式。由于原有结构基本完好，改造策略将不对原有结构进行修补，转而通过建立一个备用结构体系，并与原有结构独立。在此基础上，研究尝试通过约束中间跨的方式对房屋结构进行保护性加固，主要采用内装结构加固方法中置入箱体的策略。箱体自身结构具有一定强度，同时箱体结构通过门框等部位的连接，形成对原有墙体的约束，保证了三开间房屋架构中间跨的稳定，从而加强了结构的可靠性。填充体部分作为同时优化空间构成与结构的介入要素，被定义为盒子一样的内胆，即框体包裹。其特点是在原有围护结构的内层附加了一层框架龙骨，通过墙面节点连接框架龙骨与旧建筑，使得既有建筑结构变形时产生的应力可以传递至框架龙骨。这种方式可以有效延缓老建筑结构的变形破坏，同时也最大限度地保证了室内空间的安全性。

4.2.2 空间改善策略

"嵌院"基于对多义空间与开放性的思考，对既有传统村落民居建筑空间构成进行调整与优化。现状建筑是一栋三开间坡屋顶与一组平屋顶围合成的口字形院落。由于旧宅南侧加建的附属建筑遮挡了东侧厢房的采光，所以进行局部拆除。口字形院落导致南北功能难以衔接，所以方案在原有天井中置入一个核心模块，中庭式的空间构成向边院式的空间构成转变，形成一个并联式平面空间。"嵌院"因"嵌"入而生"院"，置入的体量突破了传统院落的范式，形成具有边院的中心型平面（图4-7）。

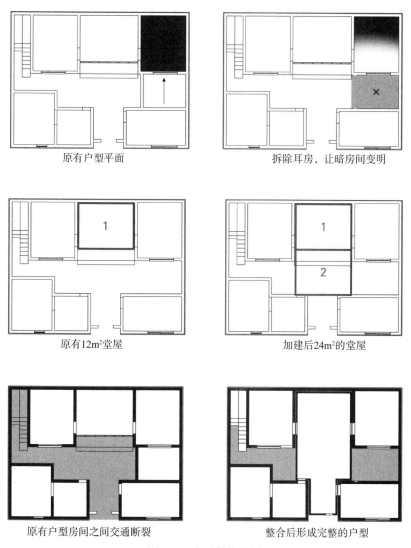

原有户型平面

拆除耳房，让暗房间变明

原有12m²堂屋

加建后24m²的堂屋

原有户型房间之间交通断裂

整合后形成完整的户型

图4-7 户型操作分析

此外，"嵌"是一个微小的介入，并未伤及旧宅筋骨。嵌入式内装改造并未覆盖整个建筑的所有空间，而是选择在堂屋与庭院中置入一个核心模块，该模块将原有的堂屋面积扩大了一倍，同时也可将所需的设备供电系统集成其中，构造上采用了架空地面、双层墙体的方式。通过核心模块的带动，其余房间因为中间区域的品质提升被激活。

4.2.3　采光改善策略

根据原有建筑的采光条件，研究从两个方面入手进行建筑光环境的改善（图4-8）。

第一，将充分采光的室外环境区域进行"室内化"改造，即增加光在室内的停留范围。

第二，对于管线无法涉及的内部空间区域，采用导光筒设备，由北侧屋顶（因建筑群体关系而不可见的立面）进行光线引入，为建筑内部提供自然光源。

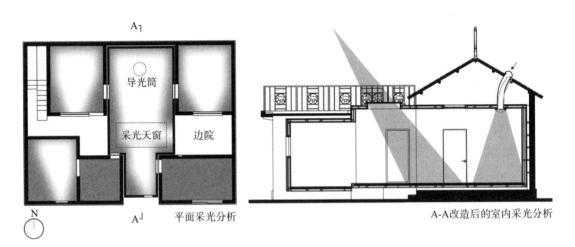

图 4-8　民居建筑的日照采光优化设计

4.2.4　气候改善策略

原有村落民居建筑由于其进深小，南北不通透的特点，室内通风效果较差，研究综合主动式与被动式气候调节手段，组织建筑通风（图4-9）。其中包括两方面内容。

第一，空气调节设备。在檐口设备腔中安装空调设备，帮助室内空气与室外进行交流。

第二，可开启天窗。通过天窗开启增加建筑洞口，帮助室内空间组织空气流动。

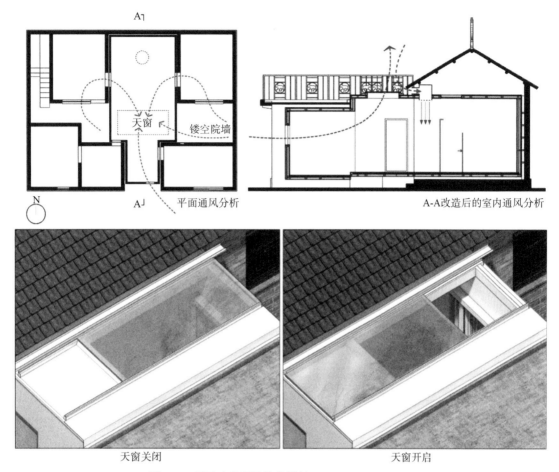

图 4-9　民居建筑通风优化设计

4.3　施工流程与相关细节

预制与现场施工是工业化技术实现的重要流程，本节以工厂预制、旧建筑修整、现场改造三个阶段作为线索，详细介绍内装工业化改造的施工流程。

4.3.1　工厂阶段

工厂阶段，建筑设计师应依据方案跟材料工程师充分交接，针对方案的实施问题进行讨论，针对无法解决的施工困难，对方案进行反馈和修改（图 4-10 左）。

施工方针对方案进行耗材预算，根据方案要求采集并管理材料（图 4-10 右）。

根据结构连接节点设计，对单个杆件材料进行加工，或者以模具的方式进行批量构件的加工（图 4-11 左）。

设计信息交接

基础材料管理

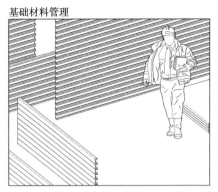

图 4-10　设计交接与基础材料管理

基础材料加工

组件生产

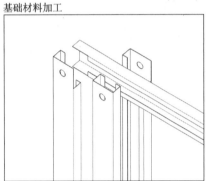

图 4-11　基础材料加工与组件生产

　　将加工的基础材料进行组装，尽可能地将工序集中在工厂完成。组件组装程度充分考虑运输交通工具的空间容量问题（图 4-11 右）。

　　对组件进行预装配，检查在尺寸公差、节点安装层面的问题（图 4-12 左）。

　　按照建造逻辑对组件进行标号，并装箱运输（图 4-12 右）。

工厂预装配模拟

标号、装卸与运输

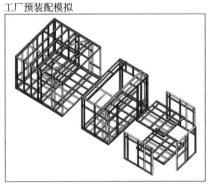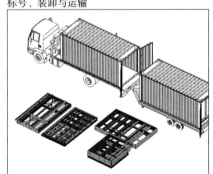

图 4-12　工厂预装配与运输准备

4.3.2 既有传统民居修整阶段

首先,对原有民居建筑进行清理,拆除废弃部件,保证施工现场的清洁。对施工现场进行安排,对材料堆放的位置,机械摆放的位置进行规划(图4-13左)。

其次,拆除建筑东侧的体量,拆除原有堂屋的门,南侧的门。通过拆除东侧体量,预制组装构件获得进场通道(图4-13右)。

废弃物拆除与清扫

部分建筑组织拆除

图 4-13 现场拆除与施工环境整理

4.3.3 现场内装改造阶段

现场内装改造的重点在于,需要对组件搬运与安装的先后顺序进行充分的组织,因为室内空间的操作范围是十分有限的,一旦出现顺序错误就要耗费大量的精力进行调整返工。该小节以基础到结构体的安装顺序为详细表达对象,围护体部分则适当简化,具体如下(图4-14至 图4-21)。

定位基础铺设

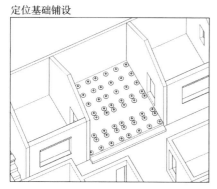

结构体1安装-1

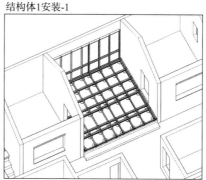

图 4-14 基础定位与地面轻钢龙骨铺设、北侧内墙面安装

结构体1安装-2

结构体1安装-3

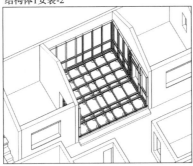

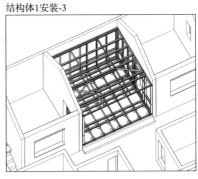

图 4-15　东西侧内墙面结构安装、顶板安装

结构体1: 围护安装

结构体2、3: 地基

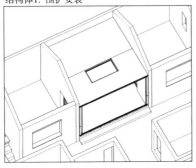
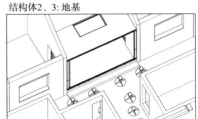

图 4-16　结构体 1 围护部分安装与室外模块基础定位

地面轻钢龙骨铺设

先进行结构体3安装

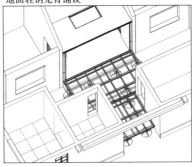
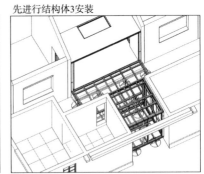

图 4-17　室外加建部分地面轻钢龙骨铺设与结构体 3 安装

结构体2安装

内外围护结构安装

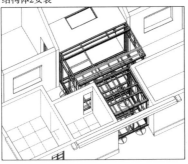

图 4-18　结构体 2 安装与整体围护结构安装

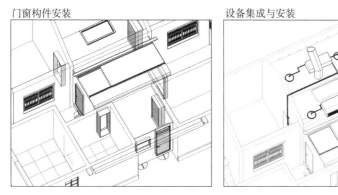

图 4-19　门窗构件安装与设备部品安装

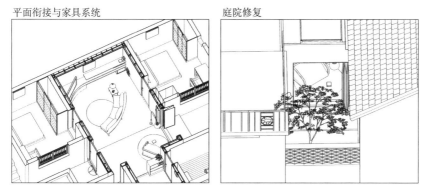

图 4-20　室内家具部品进场与庭院空间修复

图 4-21　加气混凝土预制板施工现场

4.4　内装改造部品体系拆解

　　为了更加清晰地表达构成本例内装工业化村落民居建筑改造的建筑构件系统，同时进一步厘清内装工业化体系在村落民居中的特殊性，本节以图示的方式对内装体系进行详细拆分，且着重表达内装改造后建筑具有耐久性与长寿化特征的支撑体系与适应性灵活可变的填充体系之间的关系。

　　基于对SI建筑体系的理解，原有村落民居建筑可视为一种具有时间属性的表皮骨架，其立面材料具有一定的历史与文脉信息，属于村落风貌的基本组成要素。然而，该骨架也存在性能短板，其结构安全、保温、防水与隔音性能也无法满足现代生活的功能需求。因此，有别于将填充体部分完全作为标准化构件来实现功能定位的灵活性的SI建筑体系，本案例尝试将填充体作为骨架短板的补充，从空间、结构、围护、设备等角度实现传统村落民居建筑的功能升级（图4-22）。

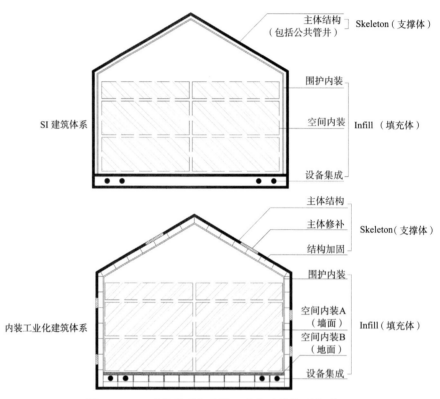

图4-22　SI建筑体系与内装工业化建筑体系的对比

　　本章节呈现方案的其他详细技术图纸、渲染图等，详见附录。

第4章图片来源

图4-1、图4-2源自：笔者拍摄.

图4-3、图4-4源自：笔者拍摄并绘制.

图4-5源自：笔者拍摄.

图4-6至图4-22源自：笔者绘制.

［注：本书后续附录图片源自：笔者绘制］

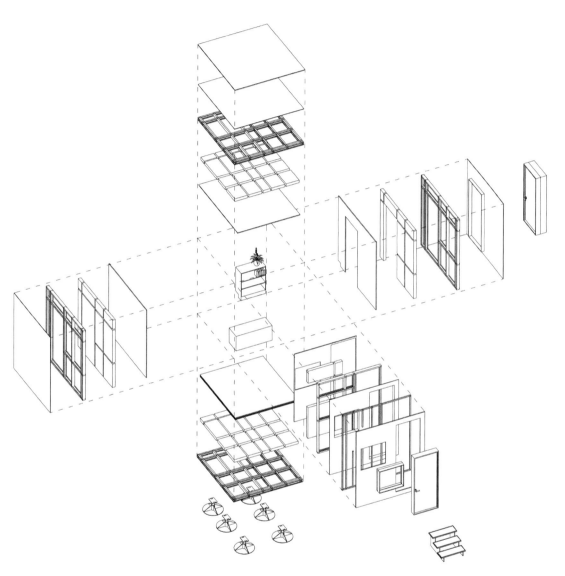

附录图 1　内装工业化单元的墙体构造层次分析图

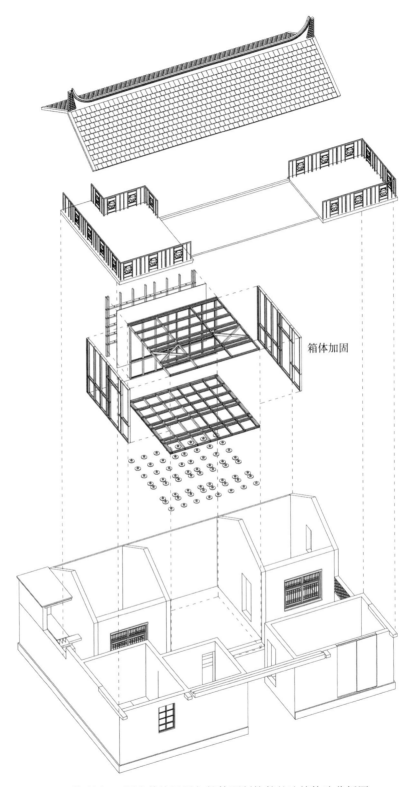

箱体加固

附录图 2　既有传统民居与箱体预制构件的连接构造分析图

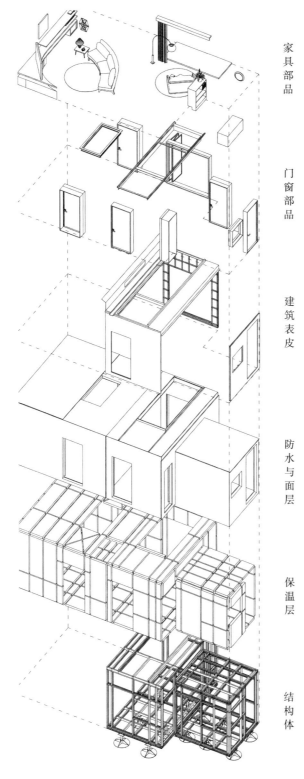

家具部品

门窗部品

建筑表皮

防水与面层

保温层

结构体

附录图 3　各构造层次部品的爆炸分析图

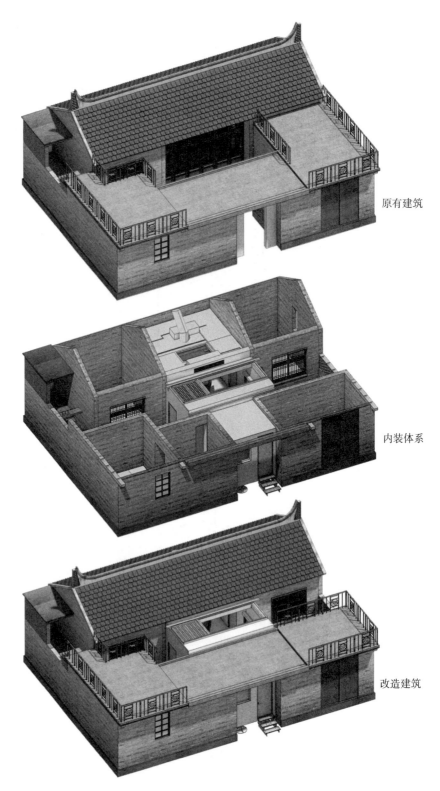

原有建筑

内装体系

改造建筑

附录图 4　新旧建筑的嵌套关系

附录图 5　内装工业化改造的民居建筑剖透视效果图

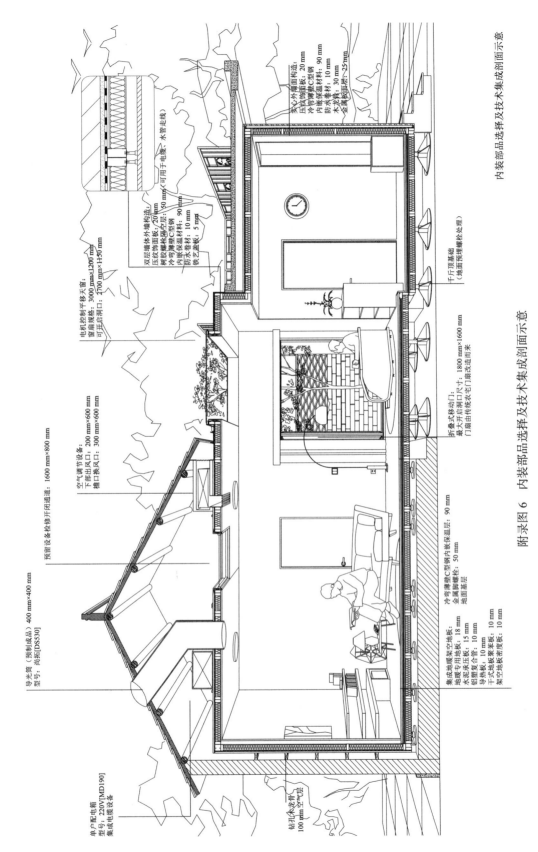

实心外墙面构造:
压纹饰面板: 20 mm
冷弯薄壁C型钢
内嵌保温材料: 90 mm
防水卷材: 10 mm
木龙骨: 30 mm
金属饰面层: 25 mm

双层墙体外墙构造:
压纹饰面板: 20 mm
树脂螺栓检查器空腔
冷弯薄壁C型钢
内嵌保温材料: 50 mm
冷弯薄壁C型钢
内嵌保温材料: 90 mm
防水卷材: 10 mm
铁艺盖板: 5 mm

电机控制平移天窗:
窗扇规格: 3000 mm×1200 mm
可开启洞口: 2700 mm×H-30 mm
(可用于电缆、水管走线)

预留设备检修开闭通道: 1600 mm×800 mm

空气调节设备:
下部出风口: 200 mm×600 mm
槽口换风口: 300 mm×600 mm

导光筒(预制成品) 400 mm×400 mm
型号: 尚拓[DS530]

单户配电箱
型号: 220V[MD190]
集成电线电缆设备

钻孔木龙骨
100 mm空气层

千斤顶基础
(地面预埋螺栓处)

折叠式移动门:
最大开启洞口尺寸: 1800 mm×1600 mm
门扇由传统农宅门扇改造而来

冷弯薄壁C型钢内嵌保温层: 90 mm
金属脚螺栓: 50 mm
地面基层

集成地暖架空地板:
地暖专用地板: 18 mm
水泥承压板: 15 mm
铝塑复合管: 10 mm
导热板聚苯板: 10 mm
架空地板高密度板: 10 mm

附录图 6　内装部品选择及技术集成剖面示意

内装部品选择及技术集成剖面示意

附录图 7　内装工业化改造后的传统民居建筑的平面图

本书以快速城镇化为背景，并基于对乡村建设过程中普遍忽略地方差异性与文化延续性现象的观察，确定了以传统村落民居建筑的活态化保护利用作为研究对象，通过对典型地区传统村落民居建筑的调研分析，初步揭示了民居建筑的衰落主要源于功能与性能层面的落后，且普遍难以适应农民的远期愿景。同时，SI 住宅体系作为一种工业化技术储备，其内装工业化技术方法在传统村落民居建筑活态化保护利用中具有重要应用价值。

回应乡村振兴的战略需求，传统村落民居建筑的保护更新对村落经济转型、村民基本生活保障、地方文脉延续具有重要意义。根据传统村落民居建筑的变迁历史，建筑的建造年限、材料、工艺、质量、符号等都可作为分析、评估的依据，用以初步界定亟待保护的传统村落民居建筑的基本对象与范畴。对典型地区传统村落民居建筑的环境要素、居住模式、建筑结构、建筑材料、建造工艺等相关要素的信息收集与调研，可初步了解传统村落民居建筑分布的广泛性、现存问题的严重性及更新改造的迫切性。

荷兰支撑体、日本新陈代谢派、SI 集合住宅以至百年住宅计划的思想与实践，为内装工业化建筑理论奠定了理论框架。在此基础上，结合当下实践中的内装工业化应用技术加以整理，形成较为完整的内装工业化工法类型。根据传统村落民居建筑的特点，活态化保护利用策略首先要确保其主体的耐久性，使其具有支撑体的长久建筑寿命；其次，针对民居建筑功能与性能的缺陷制定对应的内装部品，并充分结合乡村用地、院落、习俗等实际情况灵活应对。

全球范围内，有关工业化技术与乡村问题的研究成果日趋成熟与丰富，但由于两者在社会背景与历史发展中的时空错位，引发了建筑师与理论家对两者无法兼容的普遍担忧。近年来，随着以谢英俊为代表的乡村建筑师的不断实践，工业化建筑技术与理念在民居建筑的实践探索中显现出独特潜力。同时，针对传统村落"凝冻式"保护利用导致的乡村日益衰落、空心化等问题，面向不同地域、级别、类型的传统村落生产方式、生活方式、生态系统及其空间设施的差异性活态化要求，通过工业化的技术方法对"历史价值—现状遗存—未来潜力"的匹配分析与组合评判形成新的理论支撑与方法路径。

本书从传统村落民居建筑的保护更新出发，以技术语言的解构与应用为语境，解释了乡村振兴背景下民居建筑的活态化保护利用的基本方法。同时，也据此抛砖引玉，以典型地区相关案例为起点，希望启发出针对更广泛的民居建筑活态化保护利用的理论体系与技术方法。